O'Reilly精品图书系列

威胁建模

安全设计中的风险识别和规避

[美] 伊扎尔·塔兰达赫 (Izar Tarandach)

[美] 马修·J. 科尔斯 (Matthew J. Coles) 著

安和 译

Beijing · Boston · Farnham · Sebastopol · Tokyo

O'Reilly Media, Inc. 授权机械工业出版社出版

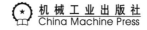

机 械 工 业 出 版 社
China Machine Press

图书在版编目（CIP）数据

威胁建模：安全设计中的风险识别和规避 / （美）伊扎尔·塔兰达赫（Izar Tarandach），（美）马修·J. 科尔斯（Matthew J. Coles）著；安和译 . —北京：机械工业出版社，2022.10

（O'Reilly 精品图书系列）

书名原文：Threat Modeling

ISBN 978-7-111-71369-2

I. ①威… II. ①伊… ②马… ③安… III. ①计算机网络－网络安全 IV. ① TP393.08

中国版本图书馆 CIP 数据核字 (2022) 第 144366 号

北京市版权局著作权合同登记 图字：01-2021-2288 号。

封底无防伪标均为盗版

书　　名/ 威胁建模：安全设计中的风险识别和规避

书　　号/ ISBN 978-7-111-71369-2

责任编辑/ 王春华

责任校对/ 樊钟英　　张　薇

封面设计/ Karen Montgomery，张健

出版发行/ 机械工业出版社

地　　址/ 北京市西城区百万庄大街 22 号（邮政编码 100037）

印　　刷/ 北京铭成印刷有限公司

开　　本/ 178 毫米 *233 毫米　16 开本　13.25 印张

版　　次/ 2023 年 1 月第 1 版　2023 年 1 月第 1 次印刷

定　　价/ 99.00 元（册）

客服电话: (010)88361066　68326294

O'Reilly Media, Inc.介绍

O'Reilly以"分享创新知识、改变世界"为己任。40多年来我们一直向企业、个人提供成功所必需之技能及思想,激励他们创新并做得更好。

O'Reilly业务的核心是独特的专家及创新者网络,众多专家及创新者通过我们分享知识。我们的在线学习(Online Learning)平台提供独家的直播培训、互动学习、认证体验、图书、视频等等,使客户更容易获取业务成功所需的专业知识。几十年来O'Reilly图书一直被视为学习开创未来之技术的权威资料。我们所做的一切是为了帮助各领域的专业人士学习最佳实践,发现并塑造科技行业未来的新趋势。

我们的客户渴望做出推动世界前进的创新之举,我们希望能助他们一臂之力。

业界评论

"O'Reilly Radar博客有口皆碑。"
>——*Wired*

"O'Reilly凭借一系列非凡想法(真希望当初我也想到了)建立了数百万美元的业务。"
>——*Business 2.0*

"O'Reilly Conference是聚集关键思想领袖的绝对典范。"
>——*CRN*

"一本O'Reilly的书就代表一个有用、有前途、需要学习的主题。"
>——*Irish Times*

"Tim是位特立独行的商人,他不光放眼于最长远、最广阔的领域,并且切实地按照Yogi Berra的建议去做了:'如果你在路上遇到岔路口,那就走小路。'回顾过去,Tim似乎每一次都选择了小路,而且有几次都是一闪即逝的机会,尽管大路也不错。"
>——*Linux Journal*

Matthew：

我要将本书献给我的妻子 Sheila，她从技术作家的角度为我提供写作建议，我们一起经历了太多漫长的夜晚和周末进行讨论。我还要感谢我的其他同伴：Gunnar（我们的狗），它提醒我适时地休息（出去玩耍或散步）；Ibex（我们的一只猫），当我写作时，它会坐在我旁边，确保我写的是"好东西"。本书合著者 Izar 是我长期的朋友和同事，非常感谢他帮助我在威胁建模和整个安全领域找到了自己的位置，并与我交流想法。我期待着与他一同经历未来的新征程。

Izar：

我要将本书献给我的儿子 Shahak，将你的想法付诸实践，让聪明的人与你一起解决这些问题，并完成它。非常感谢我的妻子 Reut，感谢她的耐心和持续支持。没有他们，我无法做到这一切。Matthew 是本书的合著者，也是本书的共同思想者、共同优化者和共同校正者。我知道他是一起分享旅程的合适人选，无法想象会有其他人能更好与之分享。自 Security Toolbox 以来，这是一个漫长、有趣、启发性的方式！

目录

序

在过去的 15 年中，当我与工程师讨论开发生命周期中的安全性时，他们一次又一次地问了一个问题："在安全专家规定的所有事情中，我们应该做的最关键的活动是什么？"这个问题让我感到好笑、沮丧和厌烦，因为坦率地说，没有任何一项关键活动可以保证开发生命周期的安全性。这是一个过程，而且即使在过程的每个部分都得到遵循的情况下，应用程序仍然可能会受到攻击并在生产中被利用。就像没有无错误的完美软件一样，没有灵丹妙药可以解决安全问题。

但有一项活动——威胁建模如果做得好，就会持续创造巨大的价值。威胁建模当然不能替代所有其他安全活动，它也有"正确做事"的含义。它以繁重、永无止境且依赖进行此工作的个人或团队的安全专业知识而著称。但是，这是每个开发团队都应该参与的高价值活动。

当我在 EMC 负责安全事务时，从实施安全软件开发计划中获得了数年的数据，我们决定深入研究外部研究人员向产品安全响应中心（PSRC）报告的漏洞。目的很简单：了解威胁模型可以识别出多少个已报告的漏洞。数据压倒性地告诉我们，绝大多数问题（占 80%以上）是可以利用威胁模型来发现的设计级问题。

然后，我们对渗透测试结果进行了类似的工作，以比较威胁模型是否可以识别外部测试供应商在其报告中所识别出的内容，结果相似。采用数据驱动的方法使我们专注于更积极地开发和执行内部威胁建模实践。

这是我在 Autodesk 担任现职时所推动的事。我发现威胁建模不仅比在应用程序上运行源代码分析工具更为有效，而且噪声也小得多。这并不是对这些工具的安全漏洞查找能力的判断，但是，根据我的经验，更少的噪声等效于使工程师更加满意，并且对将安全实践纳入开发生命周期的怀疑程度也随之降低。

开发者很忙。他们拥有完整的工作平台，因此要么不想改变工作方式，要么不想放慢脚步以融入安全团队。Izar 和 Matthew 与开发者有多年的合作经验，总结了许多实用技巧，以使所有开发者都可以使用威胁建模，并将威胁建模的结果应用于有效的风险管理。作者在本书中提出的建议使我们进一步发现了生命周期中最严重的安全漏洞，以便开发团队可以在软件投入生产之前有时间遵循风险管理实践。

在云环境中，采用持续集成和持续部署的技术至关重要，威胁建模似乎显得格格不入。本书向你展示了持续建模的"外观"，因此你无须花很多时间进行白板讨论就可以识别设计风险。在这方面还需要做更多的工作，我一直在要求 Matthew 和 Izar 提出新的技术，以结合持续建模和开发有关自动化技术。在 Autodesk，我们遵循一个简单的原则：将一切都自动化。几年前，自动化威胁建模似乎还是白日做梦。今天，有了本书中列出的一些概念，似乎我们离这个梦想越来越近了。

现在，如果有人问我："在安全专家规定的所有事情中，我们应该做的最关键的活动是什么？"我会回答："从威胁建模开始，然后我会告诉你更多信息。"本书向你展示如何正确地执行操作，以及如何将其无缝集成到产品开发生命周期中。

——Reeny Sondhi

Autodesk 副总裁兼首席安全官

前言

本书融合了我们在威胁建模和安全系统设计方面10年的研究、开发和实践经验。我们通过自己的观察和总结应用程序安全社区中其他人的经验来确保内容优质。

尽管我们试图介绍一些具有前瞻性的方法和技术，但我们知道在未来的几个月或几年中，变化将会超出本书的内容。威胁建模在不断演进。在撰写本书时（2020年），可以使用20多种不同的方法来执行安全性建模和分析。全球以安全为重点的组织和开发社区中的活跃论坛一直在发明新技术或更新现有技术。考虑到这一点，本书的目标是提供可行和可访问的信息以及足够的理论和指导，以使你得出自己的结论，并使这些技术适用于自己的团队和系统。

为什么写作本书

人们通常认为必须引入安全专家才能进行威胁建模，但事实并非如此。本书的最终目标是改变大众对威胁建模的认识，使它成为任何人都可以学习和使用的技能。

几年前，我们和许多人一样，对"威胁建模"一事感到困惑。

随着时间的推移，我们开始了解其中的一些方法、难点，以及一个好的威胁模型可以带来的乐趣。在此过程中，我们遇到了许多有趣的、聪明的人，他们将威胁建模（以及随之而来的元知识）提升到了一个全新的水平，我们从中学到了很多。我们提出了自己的想法，并意识到可以在整个过程中帮助其他人，让他们摆脱对威胁建模的恐惧、不确定和怀疑。简而言之，我们希望人们像我们一样对它感到兴奋。

目标读者

本书适合系统开发团队的成员（开发人员、架构师、设计师、测试人员、DevSecOps）阅读，这些人员要（或希望）提高其设计、开发流程和已发布系统的安全性。当然，目标读者包括正在设计、构建或维护产品和 IT 系统的人员。

传统的安全从业人员也会在本书中找到有价值的内容，特别是那些尚未进行威胁建模的人。产品经理、项目经理和其他技能水平较低的人员也应该能够从书中获益。

本书内容

本书的主要内容是如何使用威胁建模来分析系统设计，以及识别系统实施和部署中固有的风险，并规避这种风险。我们没有提供用于安全设计或分析特定拓扑、系统、算法的具体解决方案，但会给出其他相关图书资源，这些书在这些方面做得很好。我们的目标是为你提供识别风险所需的工具，解决这些风险的具体方法，并为你提供更多信息来源，以帮助你扩展威胁建模技能。

在第 0 章中，我们介绍安全原则和安全设计技术的背景，并讨论用于保护数据和系统功能的基本属性和机制。我们检查安全性、隐私性和可靠性之间的关系，并定义风险。我们还将识别决定系统风险的因素。对于那些对应用程序安全性不熟悉的新手，以及那些希望对安全性原理和目标进行复习的人，该章中介绍的安全基础尤为重要。

在第 1 章中，我们介绍系统建模技术，并展示如何识别关键特征，这些特征对于评估系统的安全性至关重要。我们识别可利用的缺陷以及这些缺陷对系统安全性产生负面影响的方法。

在第 2 章和第 3 章中，我们将威胁建模概述为系统开发生命周期中的一项活动，并深入研究流行的威胁建模技术，以供你在对系统进行建模和分析时使用。我们还将讨论更新的方法，并探讨威胁建模的游戏化。这两章的内容对所有读者都是有价值的。

在第 4 章和第 5 章中，我们讨论威胁建模方法、自动化和敏捷开发方法（包括 DevOps 自动化）的未来。我们还将介绍以新颖有趣的方式执行威胁建模的专业技术。这些内容对于读者来说特别有趣。

第 6 章介绍开发团队在其组织中开始进行威胁建模时经常遇到的问题。我们提供建议和指导，以帮助用户取得进步并避免常见的陷阱和障碍。

附录包含使用 pytm 构建和分析威胁系统模型的完整实例。

这些技术适用于各种系统

在本书中，我们着重介绍基于软件的系统，因为它们在所有情况下都是通用的，并且我们不希望物联网（IoT）和云技术的知识成为理解示例的前提。但是我们讨论的技术适用于所有系统类型，无论是基于硬件、基于云的系统，还是几乎所有负责将数据从一端移动到另一端并安全存储的系统和软件的任何组合。我们甚至提供分析业务流程的指南，以帮助你了解它们对系统的影响。

排版约定

本书中使用以下排版约定：

斜体（*Italic*）
　　表示新的术语、URL、电子邮件地址、文件名和文件扩展名。

等宽字体（`Constant width`）
　　用于程序清单，以及段落中的程序元素，例如变量名、函数名、数据库、数据类型、环境变量、语句以及关键字。

等宽粗体（**`Constant width bold`**）
　　表示应由用户直接输入的命令或其他文本。

等宽斜体（*`Constant width italic`*）
　　表示应由用户提供的值或由上下文确定的值替换的文本。

 该图示表示提示或建议。

该图示表示一般性说明。

 该图示表示警告或注意。

O'Reilly 在线学习平台 (O'Reilly Online Learning)

O'REILLY® 40 多年来，O'Reilly Media 致力于提供技术和商业培训、知识和卓越见解，来帮助众多公司取得成功。

我们拥有独一无二的专家和革新者组成的庞大网络，他们通过图书、文章、会议和我们的在线学习平台分享他们的知识和经验。O'Reilly 的在线学习平台允许你按需访问现场培训课程、深入的学习路径、交互式编程环境，以及 O'Reilly 和 200 多家其他出版商提供的大量文本和视频资源。有关的更多信息，请访问 *http://oreilly.com*。

如何联系我们

对于本书，如果有任何意见或疑问，请按照以下地址联系本书出版商。

美国：

O'Reilly Media，Inc.
1005 Gravenstein Highway North
Sebastopol，CA 95472

中国：

北京市西城区西直门南大街 2 号成铭大厦 C 座 807 室（100035）
奥莱利技术咨询（北京）有限公司

要询问技术问题或对本书提出建议，请发送电子邮件至 *errata@oreilly.com.cn*。

本书配套网站 *https://oreil.ly/Threat_Modeling* 上列出了勘误表和其他信息。

关于书籍、课程、会议和新闻的更多信息，请访问我们的网站 *http://www.oreilly.com*。

我们在 Facebook 上的地址：*http://facebook.com/oreilly*

我们在 Twitter 上的地址：*http://twitter.com/oreillymedia*

我们在 YouTube 上的地址：*http://www.youtube.com/oreillymedia*

致谢

感谢以下人员在审校、讨论、意见、技术细节方面投入的时间以及他们在该领域的经验和知识：

Aaron Lint、Adam Shostack、Akhil Behl、Alexander Bicalho、Andrew Kalat、Alyssa Miller、Brook S. E. Schoenfield、Chris Romeo、Christian Schneider、Fraser Scott、Jonathan Marcil、John Paramadilok、Kim Wuyts、Laurens Sion、Mike Hepple、Robert Hurlbut、Sebastien Deleersnyder、Seth Lakowske 和 Tony UcedaVélez。

特别感谢 Sheila Kamath 帮助我们提高本书的质量和清晰度。初次写书，我们通过她的宝贵评论了解到，书面表达思想、撰写白皮书和撰写大众读物之间存在很大的差异，我们希望这本书对你有用。

感谢本书的编辑 Virginia Wilson，感谢她的耐心、奉献和专业，还要感谢她推动我们前进。

引言

我想知道你是怎么知道的。

——理查德·费曼（Richard Feynman），美国物理学家

在本章中，我们将介绍威胁建模的基础知识和安全性原则，以此作为评估所分析的系统安全性的基础。

0.1 威胁建模

首先，我们概述威胁建模的概念、它为什么有用以及如何适应开发生命周期和总体安全性计划。

0.1.1 什么是威胁建模

威胁建模是通过分析系统来发现那些由于不太完善的设计方式所导致的缺陷的过程。它的目标是在将这些缺陷（由于实施或部署）引入系统之前就确定它们，以便尽早采取修正措施。威胁建模活动是一项概念性练习，旨在帮助你了解应该修改系统设计的哪些特征，以将系统中的风险降低到其所有者、使用者和操作员可接受的水平。

在进行威胁建模时，你可以将系统看作一个由其组件、与之交互的外部世界（如其他系统）以及可能在系统上执行操作的行为者的集合。进而，你要尝试想象这些组件和交互在什么情况下可能会运行失败。在这个过程中，你将确定系统面临的威胁，从而更改和修改系统，使得系统可以抵抗潜在的威胁。

威胁建模是一项周期性的活动。它以明确的目标开始，以分析和行动继续，然后重复。它不是灵丹妙药，并不能解决所有的安全问题。它也不是按钮式工具，不会像扫描器一样指向你的网站或代码库，生成一个待打钩的项目清单。威胁建模是一个逻辑上的智力过程，如果你让团队中的大多数人（即使不是全部）参与其中，效果将非常明显。它会引起讨论，并使你的设计和执行更加清晰。所有这些都需要工作经验和一定量的专业知识。

威胁建模的第一条规则可能是垃圾进，垃圾出（GIGO）[注1]。如果将威胁建模作为团队工具箱的一部分并让所有人积极参与，你将获得很多好处。但是如果你没有全心全意地参与其中，没有完全了解它的优缺点，或将其作为合规性的"勾选"项目，那只会浪费时间。一旦找到了适合的方法，并付出努力，系统的整体安全性就会大大提高。

0.1.2 为什么需要威胁建模

威胁建模能促使形成更清晰的架构、定义明确的信任边界（你尚不知道这些信任边界是什么以及为什么它们很重要，但是很快你就会明白！）、进行有针对性的安全测试以及形成更好的文档。从长远来看，这将使你的工作变得更轻松、更好。最重要的是，它能提高你和你的团队的安全意识，从而在整个开发工作中带来更好的安全标准和指导方针。

上述好处都很重要，但更重要的是，了解系统中可能出现的问题以及如何解决它们，将增加你对所交付物的信任，使你可以自由地专注于系统的其他方面。

0.1.3 障碍

程序员的问题在于，你永远不知道他在做什么，直到为时已晚。
　　——Seymour R. Cray，Cray line of supercomputers 公司创始人

这句话到今天仍然适用。给开发人员一份规范或一组合理且文档化良好的需求，然后退后一步，可能会发生许多有趣的事情。

老实说，我们知道开发团队拥有可以承受高要求的、负责任的出色人才。他们

注1：　这个短语是由 Wilf Hey 和陆军专家 William D. Mellin 提出的。

必须应对几乎不断变化的学习环境，精通所学，把握全局。向这些人才施加
"不了解某些真正基础且重要的安全事项"方面的压力是不公平的。考虑到合规
性、达成业务目标等指标，在实际交付有效、有用的内容方面还有很大的改进
空间，开发团队可以将这些内容转化为知识和实际用途。

安全专业人员的任务之一是对开发社区进行安全教育，包括如何实现安全系统，
以及事后如何评估代码和系统的安全性。依靠一套昂贵的工具集来补充（并在
很大程度上隐藏）组织的安全专业知识似乎更容易。挑战在于，工具内置的专
业知识通常对于用户而言是隐藏的。如果检测方法对他们透明，那么开发团队
将大为受益。这里有些例子：

- 基于计算机的培训（Computer-Based Training，CBT）对于每位新员工来说
  都是一场灾难。听别人读 45 分钟的幻灯片，想想都无聊透顶。

- 过度依赖扫描器和静态代码分析器等所谓的"灵丹妙药"。它们承诺使用人
  工智能、机器学习、污点分析、攻击树甚至"万能的天神"，但未能始终如
  一地产生相同的结果，或者误报的概率很高。此外，分析工具希望整个系统
  在运行扫描之前就已经存在，更不用说在开发过程中占用很长的时间了，这
  与持续集成 / 持续开发（CI/CD）的价值相悖。

- 咨询服务。根据要求，安全从业人员会介入，执行补救工作（或"定向培
  训"），然后消失（我们称之为海鸥咨询——它们向你飞来，啄你，然后飞
  走），留给团队"一地鸡毛"。依靠安全从业人员会带来重大不利影响：他们
  不属于团队，带着偏见指手画脚，所作所为几乎毫无帮助。货物崇拜[注2]行
  为随之而来，因为团队试图不断复制安全从业人员留下的结果子集。

我们的安全专家还对组织内部的开发者期望产生了错误的认识：

- 组织可以通过购买的方式形成强大的安全态势。如果它在工具上投入足够的
  资金，将解决所有的安全问题。

- 每季度 30 分钟的强制性培训足以使组织通过审计。这 30 分钟足以让开发团
  队的成员了解他们的期望。由于开发团队的成员可以访问优质的培训内容，
  因此他们使用的昂贵工具只会小心地证实他们确实安全地完成了工作。

注 2：　"货物崇拜是一种沿袭千年的信仰体系，在该体系中，信奉者会举行信奉仪式，他们相信仪式会
　　　　导致社会交付货物技术的进步。"——维基百科，2020.10.24。

自 2019 年年中以来，"左移"的想法在安全行业蔚然成风。想象一下你从左到右阅读的工作流程。工作流的开始在左侧。当我们说"左移"时，是指希望安全流程尽可能向"左"移动，直到开发工作流程的开始（无论使用哪种开发方法）。这允许安全事件发生并尽早处理。与设计密切相关的威胁建模等活动应该在系统生命周期中尽早发生。而且，如果还没有发生，那就应该立即发生。

 我们不赞成"左移"现象，而是倾向于使用从设计开始的方法论，或者更早地从左开始，以需求作为系统安全性的基础。

随着过程的改变，线性的"从左到右"的开发周期变得不那么明显，左移可能无法满足系统中的所有安全需求。相反，在考虑系统之前，安全社区将需要进一步转移到开发人员和设计人员的生活中。在那里，我们将需要集中精力培训开发团队，以做出安全的选择，并提高能力，以从根本上避免威胁。

具体实施时，安全性应该由行业的集体培训工作向左转移，并通过安全代码在语义和逻辑上表示。但是，如果培训未能达到期望，那么有哪些纠正措施可用于修正失败的假设？

让我们从另一个角度来看问题，然后将各个部分连接起来，对这一疑问做出连贯的回应（邀请参加讨伐！）。在讨论安全策略时，有些人谈到"摆在桌面上"。安全团队和管理人员希望"利益相关者"在"正在进行的讨论"中为安全保留"一席之地"。这使他们有理由证明自己需要使用那部分资源。但是，还有另一个重要资源未被认可，因为它被"广泛的培训"和所谓的"灵丹妙药"所迷惑。而资源就是开发者的时间和关注度。

让我们考虑一个 Web 开发者。无数的模因反映了这样一个事实：如果今天一个 Web 开发者在早餐前学习了有关 LAMP 堆栈[注3]的所有知识，那么午餐后这些知识就变得毫无用处了，因为整个行业都将转移到 MEAN 堆栈[注4]上。MEAN 堆栈将在喝完两杯拿铁之后被另一个新事物取代，直到它再次出现在我们刚刚开始的新的、改进的（并且完全不向后兼容！）版本中。每一个新堆栈都带来了一组新的安全挑战以及与安全相关的习惯用法和机制，必须理解和整合这些习惯用法和

注3：　LAMP 堆栈由 Linux OS、Apache Web 服务器、MySQL 数据库和 PHP 脚本语言的集合组成。

注4：　MEAN 堆栈由 MongoDB、Express.js、Angular.js 和 Node.js 组成。

机制，才能有效地保护正在开发的系统。当然，每个堆栈都需要一个独特的安全合约，Web 开发者必须快速学习并熟练掌握这份安全合约。

但是网站不能宕机，对它的管理应该在开发人员学习新工具时同步进行。

正如理查德·费曼（Richard Feynman）告诉我们的那样："教的是原理，而不是公式。"在本书中，我们将着重于原理，以帮助你理解和思考什么是适合你的威胁模型，以及如何在特定情况下助力你的项目和团队。

0.1.4 系统开发生命周期中的威胁建模

威胁建模是在系统开发生命周期中执行的一项活动，对系统的安全性至关重要。如果没有以某种方式进行威胁建模，那么很可能会通过设计选择引入安全性故障，这些故障很容易被利用，以后很难修复（而且代价高昂[注5]）。遵循"内置而非附加"的安全原则，威胁建模不应被视为合规性的里程碑。在最重要的情况下未能执行此项活动会给现实世界带来严重的后果。

如今，大多数成功的公司都不再像几年前那样执行项目。例如，无服务器计算[注6]等开发范例，或 CI/CD[注7] 中的一些最新趋势和工具，对开发团队如何设计、实施和部署当今的系统都产生了深远的影响。

由于市场需求和竞争，如今，你很少有机会在开发系统之前坐下来查看完整的详细设计文档。产品团队首先将"最小可行产品"版本推向公众，并开始建立品牌和吸引用户。然后，产品团队依靠增量版本来添加功能并在出现问题时进行更改。这种做法导致在开发周期的后期对设计要进行重大更改。

现代系统具有前所未有的复杂性。你可能会使用许多第三方组件、库和框架来构建新软件，但这些组件很多时候都没有很好的文档记录，不容易理解且安全性很差。要创建"简单"系统，你需要依赖复杂的软件、服务和功能等层。同

注5： Arvinder Saini，"How Much Do Bugs Cost to Fix During Each Phase of the SDLC?"，软件完整性博客，Synopsis，2017 年 1 月，*https://oreil.ly/NVuSf*；Sanket，"Exponential Cost of Fixing Bugs"，DeepSource，2019 年 1 月，*https://oreil.ly/ZrLvg*。

注6： "What Is Serverless Computing?"，Cloudflare，2020 年 11 月访问，*https://oreil.ly/7L4AJ*。

注7： Isaac Sacolick，"What Is CI/CD? Continuous Integration and Continuous Delivery Explained"，*InfoWorld*，2020 年 1 月，*https://oreil.ly/tDc-X*。

样，以无服务器部署为例，"我不在乎环境、库、机器或网络，我只关心功能"是短视的。幕后隐藏着多少机器？你对功能"下"的活动有多少控制权？这些因素如何影响系统的整体安全性？如何验证你使用的是最合适的角色和访问规则？

为了可靠地回答这些问题并立即获得结果，你可能会想求助外部安全专家。但是安全方面的专业知识可能会有所不同，而聘请专家的成本很高。一些专家专注于特定的技术或领域，另一些专家则涉猎广泛但不够深入。因此，我们建议在内部发展威胁建模知识，并使其尽可能适应团队。

开发安全系统

无论使用哪种开发方法，系统的开发方式都必须经过一些特定的阶段（见图 0-1）。

- 创意
- 设计
- 实施
- 测试
- 部署

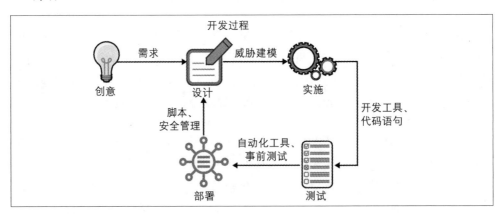

图 0-1：开发过程及相关的安全活动

例如，在瀑布方法中就遵循这些阶段。请注意，文档起着持续的作用——它必须与其他阶段并行发生才能真正有效。当使用这种方法时，很容易看到威胁模型在设计时提供了最大的好处。

我们将威胁建模与设计紧密联系在一起。这是为什么？

一个被广泛引用的概念[8]表明，问题越接近部署或部署后，解决问题的成本就会显著增加。对于熟悉制作和营销软件的人来说，这是显而易见的。将解决方案应用于开发中的系统要比已经部署在数千个（甚至数百万个）地方的系统便宜得多[9]。你不必承担某些用户未打补丁，或者给系统打补丁而导致无法向后兼容的责任。你不必与因某种原因而无法继续使用补丁的用户打交道，也不必承担支持长期且有时不稳定的升级过程的成本。

因此，威胁建模从本质上看是一种设计，并试图识别安全缺陷。例如，如果你的分析表明某种访问方式使用了硬编码的密码，则会将其识别为需要解决的问题。如果发现的问题仍未解决，那么你正在处理一个将在系统生命周期后期可能被利用的问题，这也称为漏洞，具有被利用的可能性以及被利用的相关成本。你可能无法发现问题，或者无法确定可以被利用的东西。完美和完整性不是此练习的目标。

 威胁建模的主要目标是识别缺陷（可以解决的问题）而不是识别漏洞（可以利用的问题）。然后，你可以应用缓解措施来降低被利用的可能性和被利用的成本（即损害或影响）。

一旦确定一个缺陷，就可以减轻或纠正它。你可以通过应用适当的控件来做到这一点。例如，你可以创建一个动态的、用户定义的密码，而不是一个硬编码的密码。如果情况允许的话，你可以对该密码进行多次测试来确保密码强度。你也可以让用户决定密码策略。你还可以完全改变你的方法，并通过删除密码使用并支持 WebAuthn[10] 来完全消除该缺陷。在某些情况下，你做出的系统部署方式和使用硬编码密码等决定会有一定的风险。你必须确定风险是可以接受的，并记录发现的缺陷，识别和描述不解决它们的理由，并将其作为威胁模型的一部分。

威胁建模是一个演进的过程。首次分析时，你可能找不到系统中的所有缺陷。例如，也许你没有合适的资源或没有适当的利益相关者来检查系统。但是拥有

注 8： Barry Boehm，软件工程经济学（Prentice Hall，1981 年）。

注 9： 凯拉·马修斯（Kayla Matthews），"What Do IoT Hacks Cost the Economy？"，IoT For All，2018 年 10 月，*https://oreil.ly/EyT6e*。

注 10： "What is WebAuthn？"，Yubico，*https://oreil.ly/xmmL9*。

初始威胁模型比没有威胁模型要好得多。并且，在威胁模型更新后，下一次迭代将变得更好，可以识别其他缺陷，并可以更准确地保证没有发现缺陷。你和你的团队将获得经验和信心，这将驱使你考虑新的、更复杂、更巧妙的攻击和方式，并且系统将不断完善。

不再使用瀑布模型

让我们继续讨论更现代的敏捷方法和 CI/CD 方法。

因为这些是开发和部署软件的较快方法，所以你可能会发现无法停止一切，启动适当的设计会话，并与需要发生的事情达成共识。有时，你的设计会根据客户的要求而演变，而有时，你的设计是从系统的持续开发中演变而来的。因此，可能很难预测整个系统的总体设计（甚至很难知道整个系统是什么）。并且，你可能无法事先进行大范围的设计修改。

从微软的"安全冲刺"提议，到每一次冲刺中迭代地对较小的系统单元应用威胁建模，许多设计提案都概述了在这种情况下如何进行威胁建模。而且，不幸的是，有人声称威胁建模"降低了敏捷团队的速度"。不影响敏捷团队速度但存在安全漏洞和降低敏捷团队的速度的同时降低了访问你的数据的黑客团队的速度，哪一个更好？目前，重要的是要认识到问题，以便将来提出可能的解决方案。

在设计过程中解决安全问题后，你将看到安全性如何影响开发的所有其他阶段。这将帮助你认识到威胁建模如何对系统的整体安全状况产生更大的影响，以下是总体衡量：

- 系统内的当前安全状态。
- 可供攻击者探索和利用的攻击向量、入侵点或改变系统行为的机会（也称为攻击面）。
- 系统中现有的漏洞和缺陷（也称为安全债务）以及由这些因素导致的系统和业务的综合风险。

实施和测试

在开发过程中，实施和测试是安全性的最重要方面。归根结底，安全问题出现在代码编写过程中出现的问题或错误中。一些臭名昭著的安全性问题 [比如心脏滴血（Heartbleed）漏洞] 和大多数缓冲区溢出问题不是由不良设计引起的，而是由于代码未按预期执行或以意外方式执行。

当你查看漏洞的类别（例如，缓冲区溢出和注入问题）时，很容易看出开发者是如何无意中引入它们的。剪切和粘贴先前使用的代码很容易，但在考虑错误输入时也容易陷入"谁可能这样做？"的信念。或者，开发者可能会由于无知、时间限制或其他因素而简单地引入代码错误，而不考虑安全性。

一些工具可以通过执行静态分析来识别代码中的漏洞。另一些工具通过分析源代码来实现。其他人则通过模拟输入的方式运行代码以识别不良结果 [此技术称为模糊（fuzzing）测试]。近期，机器学习成为一种识别"错误代码"的新型方法。

但是威胁建模会影响这些与代码相关的问题吗？答案是具体情况具体分析。如果你将系统作为一个整体来看，并确定能够通过解决根本缺陷来完全消除一整类漏洞，那么你在设计时就有机会解决与代码相关的问题。Google 针对 XSS(跨站脚本漏洞）以及其他类型的漏洞，在所有产品中使用解决以上漏洞的库和模式[注11]。不幸的是，为解决某些类型的问题而做出的选择可能会切断解决其他问题的途径。例如，假设你正在对高性能和高可靠性有很高要求的系统上工作，可以选择使用提供直接内存控制和较少执行开销的语言（例如，C 语言），而不是使用提供更好内存管理功能的 Go 或 Java 等语言。在这种情况下，通过更改技术栈，你可能只有有限的选择来影响需要解决潜在安全问题的范围。这意味着你必须使用开发时间工具和测试时间工具来管理结果。

文档和部署

随着系统的开发，负责它们的团队可能会经历一个自我发展过程。当一群人开始学习或理解某事物并保留相关知识而不进行记录时，就会存在"部落知识"或系统知识。但是，团队成员随着时间的推移会发生变化，随着个人离开团队和新成员加入，这种部落知识可能会丢失。

幸运的是，一个有据可查的威胁模型是一个很好的工具，可以为新团队成员提供正式的专有知识。许多模糊的数据点、验证说明和一般思考过程（例如，"你们为什么在这里这样做？！"）非常适合作为威胁模型中的文档留存下来。为

注 11：　Christoph Kern，"Preventing Security Bugs through Software Design"，USENIX，2015 年 8 月，*https*：*//oreil.ly/rcKL_*。

克服限制而做出的任何决定及其对安全性的影响也适合记录下来。部署也是如此——威胁模型是一个参考第三方组件清单、保持最新版本、强化它们所需的工作以及配置它们时所做的假设的好地方。网络端口及其协议清单等简单信息不仅解释了数据在系统中的流动方式，而且还解释了有关主机身份验证、防火墙配置等部署决策。所有这些类型的信息都非常适合威胁模型，如果你需要响应合规审计和第三方审计，查找和提供相关详细信息将变得更加容易。

0.2 基本安全性原则

 本章的其余部分简要概述了基本的安全性概念和术语，对于开发团队和安全从业人员而言，熟悉这些概念和术语是至关重要的。如果你想了解详细内容，请查看本章和本书中提供的参考资料。

熟悉这些原理和术语是在安全领域中进行学习的基础。

0.2.1 基本概念和术语

图 0-2 突出显示了系统安全中的关键概念。理解它们是理解为什么威胁建模对于安全系统设计至关重要的关键。

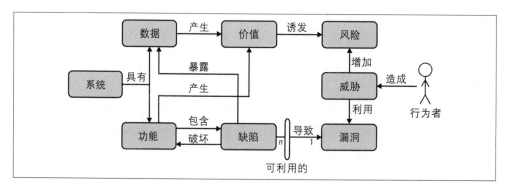

图 0-2：安全术语的关系

一个系统包含的资产，有其用户依赖的功能，以及系统接收、存储、操作或传输的数据。系统的功能可能存在瑕疵（即缺陷）。如果这些缺陷是可利用的，容易受到外部影响，则称为漏洞，利用它们可能会使系统的操作和数据面临暴露的风险。行为者（系统外部的个人或进程）可能会恶意利用漏洞。一些熟练的攻击者有能力改变条件，以创造机会利用漏洞进行攻击。行为者在这种情况下会创建威胁事件，并通过该事件对系统产生特定的影响（例如，窃取数据或导致功能异常）。

功能和数据的结合在系统中创造了价值，而造成威胁的敌人则否定了该价值，这构成了风险的基础。风险可以以一定的概率被安全管理措施抵消，安全管理措施涵盖系统的功能能力以及设计和构建系统的团队的运营和组织行为。

每个概念和术语都需要附加的解释才能更有意义：

缺陷

缺陷是一种潜在的瑕疵，会修改行为或功能（从而导致错误的行为），允许未经验证或错误的数据访问。系统设计的缺陷源于未能遵循最佳实践、标准或惯例，给系统带来了某些不良影响。幸运的是，对于威胁建模人员（和开发团队）来说，社区倡议的通用缺陷列表（Common Weakness Enumeration，CWE）创建了安全性缺陷的开放分类法，在研究系统设计时可以参考该分类法。

可利用性

可利用性是对攻击者利用缺陷造成损害的容易程度的度量。换句话说，可利用性是缺陷对外部影响的暴露量[注12]。

漏洞

当缺陷是可利用的（本地授权上下文之外的可利用性为非零）时，称为漏洞。漏洞为具有恶意意图的攻击者提供了一种对系统造成某种损害的手段。系统中存在但以前未发现的漏洞称为零日（zero-day）漏洞。零日漏洞并不比其他漏洞更危险，但它很特殊，因为它可能没有被修复，因此被利用的可能性较高。与缺陷一样，社区极力创建了漏洞的分类方法，并在 CVE 数据库中进行了编码。

严重性

缺陷会给系统及其资产（功能和数据）带来不良的影响，此类问题造成的潜在损害和"爆炸半径"被描述为瑕疵的严重程度。工程领域的人可能熟悉这个名词。根据定义，漏洞是可利用的缺陷，至少与潜在缺陷一样严重，

注12：　"外部"在此处是相对的，并且特定于授权上下文，例如，操作系统、应用程序、数据库等。

而且缺陷的严重性通常会更高，因为它很容易被利用。严重性的计算方法参见 0.2.2 节。

 不幸的是，确定缺陷严重性的过程并不容易。如果发现缺陷时无法度量缺陷造成影响的大小，那么问题的严重性如何计算？如果以后确定缺陷是暴露的，甚至由于系统设计或实现的更改而变得更糟，会发生什么？这些问题很难回答，我们稍后在介绍风险概念时将对此进行介绍。

影响

如果缺陷或漏洞被利用，则会对系统造成某种影响，例如破坏功能或暴露数据。在对问题的严重程度进行评级时，你需要评估影响程度，以度量成功利用后功能和数据的潜在损失。

行为者

在描述系统时，行为者是与系统关联的任何个人，例如用户或攻击者。具有恶意意图的行为者有时被称为敌人。

威胁

威胁是攻击者利用漏洞以特定方式对系统造成负面影响的非零概率结果。

威胁事件

威胁事件是指敌人尝试（不论成功与否）利用具有预期目标或结果的漏洞。

损失

当敌人引发的威胁事件导致一个（或多个）影响作用于系统的功能和数据时，就会发生损失：

- 行为者可以破坏系统数据的机密性，造成敏感信息或私人信息泄露。
- 行为者可以修改功能的接口、更改功能的行为或更改数据的内容与来源。
- 行为者可以临时或永久地阻止授权实体访问功能或数据。

损失是按照资产或价值量来描述的。

风险

风险将潜在被利用目标的价值与造成影响的可能程度相结合。价值与系统或信息所有者以及攻击者有关。你应该使用风险来告知问题的优先级，并决定是否解决该问题。容易被利用的严重漏洞以及可能导致重大损害的漏洞应该优先解决。

0.2.2 计算严重性或风险

严重性（成功利用漏洞可能造成的损害程度）和风险（威胁事件发起的可能性和由于利用漏洞而成功产生负面影响的可能性的组合）可以通过公式确定。这些公式并不完美，但使用它们可以提供一致性。今天，存在许多用于确定严重性或风险的方法，并且某些威胁建模方法使用其他的风险评分方法（在本书中未介绍）。本章介绍了三种常用的方法（一种用于测量严重性，两种用于测量风险）。

CVSS（测量严重性）

通用漏洞评分系统（Common Vulnerability Scoring System，CVSS）现在是 3.1 版本，属于事件响应与安全团队论坛（Forum of Incident Response and Security Teams，FIRST）的产品。

CVSS 的取值为 0.0～10.0，它使你可以识别严重性的组成部分。该方法基于成功利用漏洞的可能性以及潜在影响（或破坏）的度量进行计算。如图 0-3 所示，在计算方法中设置了 8 个指标，用以确定严重等级。

可利用性指标			影响程度指标		
攻击媒介	AV	网络 (N) 邻近 (A) 本地 (L) 物理 (P)	范围改变	SC	改变 (C) 不改变 (U)
攻击复杂度	AC	低 (L) 高 (H)	机密性	C	无 (N) 低 (L) 高 (H)
所需权限	PR	无 (N) 低 (L) 高 (H)	完整性	I	无 (N) 低 (L) 高 (H)
用户交互	UI	无 (N) 需要 (R)	可用性	A	无 (N) 低 (L) 高 (H)

图 0-3：CVSS 的指标、向量和分数

成功利用漏洞的可能性是根据给定数字评级的特定指标来度量的，这将得出一个称为可利用性子分数的值。漏洞影响的评估方法类似（使用不同的指标），称为影响子分数。将两个子分数加在一起得出总的基本分数。

 请记住，CVSS 并不是度量风险，而是度量严重性。CVSS 可以告诉你攻击者成功利用受影响的系统的漏洞的可能性以及可能造成的损害。但是它无法指出攻击者何时或是否将尝试利用此漏洞，也无法告诉你受影响资源的价值或解决漏洞的成本。发起攻击的可能性、系统或功能的价值以及缓解漏洞的成本驱动了漏洞风险的计算。依靠原始严重性是传达缺陷信息的好方法，但它在管理风险方面非常不完善。

DREAD（测量风险）

DREAD 是一种较旧[注13]，但非常重要的一种方法，用于理解安全隐患的风险。DREAD 是 STRIDE（详见第 3 章）威胁建模方法的合作伙伴。

DREAD 是以下各项的首字母缩写：

损害（*Damage*）
　　如果敌人发动攻击，他们能造成多大的破坏？

复现性（*Reproducibility*）
　　潜在的攻击是否容易复现（在方法和效果上）？

可利用性（*Exploitability*）
　　成功进行一次攻击有多容易？

受影响的用户（*Affected users*）
　　可能会影响多少比例的用户？

可发现性（*Discoverability*）
　　如果敌人还不知道潜在的攻击机会，那么他们发现它的可能性是多少？

DREAD 是一个过程，用于（通过敌人的攻击向量）记录对系统的潜在攻击的特

注 13： 有人说，DREAD 已经失去了作用，参见艾琳·米奇林（Irene Michlin），"Threat Prioritisation: DREAD Is Dead, Baby？"，NCC Group，2016 年 3 月，*https://oreil.ly/SJnsR*。

征，并得出可以与其他攻击场景或威胁向量的值进行比较的值。通过考虑攻击者利用漏洞的特征并在各个维度（例如，D，R，E，A，D）上分别针对低影响力、中影响力和高影响力问题分配一个分数，可以计算出任何给定攻击场景（安全漏洞和敌人的组合）的风险值。

每个维度的总分决定了总体风险值。例如，特定系统中的任意安全问题可能具有 [D = 3，R = 1，E = 1，A = 3，D = 2] 分数，总风险值为 10。你可以将此风险值与针对该特定系统确定的其他风险进行比较。但是，尝试将此值与其他系统中的值进行比较不太有用。

风险量化的 FAIR 方法（测量风险）

信息风险因素分析（Factor Analysis of Information Risk，FAIR）方法在执行类型中越来越受欢迎，因为它提供了正确的粒度级别和更多的特异性以实现更有效的决策。FAIR 由 Open Group 发布，并包含在 ISO/IEC 27005:2018 中。

DREAD 是定性风险计算的一个示例。FAIR 是一项国际标准，用于量化风险建模，并通过使用行为者对威胁的价值（硬货币成本和软货币成本）和威胁实现概率（或发生威胁事件）的度量来理解威胁对资产的影响。使用这些量化值可以向你的管理层和业务负责人描述系统中识别出的风险对业务产生的财务影响，并将它们与防御威胁事件的成本进行比较。适当的风险管理实践表明，防御成本不应超过资产的价值或资产的潜在损失，这也称为"5 美元笔上了 50 美元锁"范式。

 FAIR 既彻底准确又复杂，并且需要专业知识才能正确地执行计算和模拟。这不是你想在威胁建模审查会议中进行的工作，也不是想与安全主题专家（SME）联系的事情。安全专家擅长发现缺陷和威胁，而不是对财务影响评估进行建模。如果你打算采用 FAIR，则雇用具有计算方法和财务建模能力的人员，或者找到一种可以为你进行艰深数学运算的工具，将是更好的做法。

0.2.3 核心属性

机密性、完整性和可用性这三个核心属性是安全性的基础。某人想知道某物是否安全时，通过这些属性以及判断它们是否完整就可以确定结果。这些属性支持一个关键目标：可信度。此外，第 4 个和第 5 个属性（隐私性和安全性）与前三个属性有关，但侧重点稍有不同。

机密性

一个系统只有在保证只有那些拥有适当权限的用户才能访问相应权限的数据时，才具有机密性。不阻止未经授权的访问的系统无法保护机密性[14]。

完整性

当数据或操作的真实性可被验证，未经授权的活动未修改数据或功能，或没有使数据或功能不真实时，可以说具备完整性[15]。

可用性

可用性意味着经过授权的行为者能够在需要或希望这样做时访问系统功能或数据。在某些情况下，由于用户与系统运营商之间的合同或协议（例如，网站因定期维护而关闭），系统的数据可能无法使用。如果系统由于敌人的恶意操作而无法使用，则可用性将受到损害[16]。

隐私性

机密性是指对与他人共享的私人信息的控制访问，而隐私性是指不将该信息暴露给未经授权的第三方的权利。很多时候人们谈论机密性时，确实希望获得隐私，尽管这些术语经常互换使用，但它们并不是同一个概念。你可能会说机密性是隐私性的前提条件，例如，如果系统无法保证其存储的数据的机密性，则该系统将永远无法为用户提供隐私性。

安全性

安全性是"免于因财产或环境的损害而直接或间接造成人身伤害或人身健康损

注 14： NIST 800-53 修订版 4，"Security and Privacy Controls for Federal Information Systems and Organizations"：B-5。

注 15： NIST 800-53 修订版 4，"Security and Privacy Controls for Federal Information Systems and Organizations"：B-12。

注 16： NIST 800-160 第 1 卷，"Systems Security Engineering: Considerations for a Multidisciplinary Approach in the Engineering of Trustworthy Secure Systems"：166。

害的不可接受风险"。[注17] 当然，为了满足安全性要求，它必须以可预测的方式运行。这意味着它必须至少保证完整性和可用性。

0.2.4 基本控制

以下控制或功能行为和能力支持高安全度系统的开发。

身份鉴别

必须为系统中的行为者分配一个对系统有意义的唯一标识符。标识符也应对将使用该身份的个人或进程有意义（例如，身份验证子系统）。

行为者是系统中影响系统及其功能或希望获得对系统数据访问权限的任何对象（包括用户、系统账户和流程）。为了支持不同的安全目标，必须授予行为者一个身份，然后才能在该系统上进行操作。该身份必须带有信息，允许系统积极识别行为者，换句话说，允许行为者向系统展示身份证明。在一些公共系统中，还标识了未命名的行为者或用户，这表明他们的具体身份并不重要，但仍会在系统中得到体现。

 在许多系统中，访客作为共享账户都是可接受的身份。可能存在其他共享账户，但是应仔细考虑使用共享账户，因为它们缺乏基于个体单独跟踪和控制行为者行为的能力。

身份验证

具有身份的行为者需要向系统证明其身份。通常使用凭证（例如，密码或安全令牌）来证明身份。

所有希望使用该系统的行为者都必须能够令人满意地提供其身份证明，以便目标系统可以验证其是否与正确的行为者通信。身份验证是附加安全功能的前提条件。

授权

一旦行为者通过了身份验证，就可以在系统内为该行为者授予权限，以执行操

注17： "Functional Safety and IEC 61508"，国际电工委员会，*https://oreil.ly/SUC-E*。

作或访问功能和数据。授权是上下文相关的，可能是传递性的，双向的或对等的。

身份验证带来了系统的能力，系统能够根据行为者提供的身份证明来指定该行为者的权利。例如，一旦用户通过了系统身份验证并被允许在数据库中执行操作，则仅基于行为者的权限授予对该数据库的访问权限。通常根据**读取**、**写入**或**执行**等原始操作授予访问权限。控制系统中行为者行为的访问控制方案包括以下内容：

强制访问控制（MAC）
　　系统限制了行为者的授权。

自由访问控制（DAC）
　　行为者可以定义操作权限。

基于角色的访问控制（RBAC）
　　行为者按有意义的"角色"分组，角色在其中定义权限分配。

基于能力的访问控制
　　授权子系统通过行为者必须请求（并被授予）才能执行操作的令牌来分配权限。

 访客账户通常不经过身份验证（没有身份证明），但是可以使用最低级别的功能明确授权这些账户。

日志记录

当行为者（人或进程）执行系统操作时，应记录该事件的日志。这支持可追溯性。在尝试调试系统时，可追溯性很重要。当记录的事件被认为与安全相关时，可追溯性还支持关键任务的能力，例如，入侵检测和预防、取证和证据收集（对于恶意行为者入侵系统的情况）。

审计

行为日志创建记录。审计记录是明确定义的（格式和内容），按时间排序，并且通常是防篡改的（或至少防篡改）。"及时回顾"和了解事件发生的顺序、谁执行了哪些操作、何时执行，以及确定操作是否正确和得到授权，对于安全操作和事件响应活动至关重要。

0.2.5 安全系统的基本设计模式

在设计系统时，应牢记某些安全原则和方法。并非所有原理都适用于你的系统。对你而言，重要的是要考虑它们以确保它们适用于你。

1975 年，Jerome Saltzer 和 Michael Schroeder 发表了一篇开创性的文章 "The Protection of Information in Computer Systems" [注18]，尽管自发布以来发生了很大变化，但基本原则仍然适用。我们在本书中讨论的一些基本原理基于 Saltzer 和 Schroeder 提出的原理。我们还将向你展示其中一些原则如何以与最初预期不同的方式变得相关。

零信任

系统设计和安全合规性的一种常见方法是"信任，但要验证"或零信任，即为操作（例如设备加入网络，或客户端调用 API）承担最佳结果，然后再验证信任关系。在零信任环境中，系统会忽略（或从不建立）任何先前的信任关系，而是在决定建立信任关系之前验证所有内容[注19]。

零信任也称为完全中介，这个概念听起来非常简单：确保每次访问对象时都会检查对操作的访问权限，并且事先检查该访问操作的权限。换句话说，每次请求访问时，你必须验证行为者是否具有访问对象的正确权限。

 John Kindervag 于 2010 年提出了零信任的概念[注20]，这个概念已普遍应用于网络外围架构的讨论中。作者决定将该概念引入安全性原则中，并认为它也适用于无须修改的应用程序级别的安全决策。

契约式设计

契约式设计与零信任有关，并假定每当客户端调用服务器时，来自该客户端的

注 18： J. Saltzer 和 M. Schroeder，"The Protection of Information in Computer Systems"，弗吉尼亚大学计算机科学系，*https://oreil.ly/MSJim*。

注 19： "Zero Trust Architecture"，国家先进网络安全中心，*https://oreil.ly/P4EJs*。

注 20： Brook S. E. Schoenfield，威胁建模专家和大量的作者提醒我们，"观察到相互不信任"的观念早在 2003 年 4 月就已经被 Microsoft 提出，但是很遗憾，我们无法找到相关资料。

输入将采用某种固定格式，并且不会偏离该契约。

它类似于锁和钥匙的范例。你的锁仅接受正确的钥匙，而不信任其他任何钥匙。Christoph Kern 在"Securing the Tangled Web"[注21] 一文中解释了 Google 如何通过设计使用一个本质上安全的 API 调用库来显著减少应用程序中的跨站点脚本 (XSS) 漏洞。契约式设计通过确保每次交互都遵循固定的协议来解决零信任问题。

最小权限

这个原则意味着一个操作应该只使用最严格的权限级别来运行，这仍然能够使操作成功。换句话说，在所有层和机制中，请确保你的设计将操作员限制在完成单个操作所需的最低访问级别，仅此而已。

如果不遵循最小权限，应用程序中的漏洞可能会提供对底层操作系统的完全访问权限，并且随之而来的后果是特权用户可以不受限制地访问你的系统和资产。该原则适用于维护授权上下文（例如，操作系统、应用程序、数据库等）的每个系统。

纵深防御

纵深防御使用多方面的分层方法来防御系统及其资产。

在考虑防御系统时，请考虑要保护资产的内容以及攻击者如何尝试访问资产。考虑你可以采取哪些控制措施来限制或阻止敌人的访问（但允许经过适当授权的行为者访问）。你可能会考虑并行或重叠的控制层来减慢攻击者的速度。或者，你可以考虑实施会混淆或积极阻止敌人的功能。

应用于计算机系统的纵深防御示例包括：

- 使用锁、防护装置、摄像头和气隙保护特定的工作站。
- 在系统和公共互联网之间引入堡垒主机（或防火墙），然后在系统本身中设置端点代理。
- 使用多因素身份验证来补充用于身份验证的密码系统，时间间隔在失败的尝试之间成倍增加。

注21： Christoph Kern，"Securing the Tangled Web"，acmqueue，2014 年 8 月，*https://oreil.ly/ZHVrI*。

- 部署一个蜜罐和假数据库层，有意使用限制优先级的身份验证功能。

任何其他充当"道路障碍"并在复杂性、成本或时间方面使攻击成本更高的因素，都是你进行纵深防御的成功之道。这种评估纵深防御措施的方式与风险管理有关——纵深防御并不意味着不惜一切代价进行防御。在决定花费多少来保护资产与这些资产的感知价值之间进行平衡，这属于风险管理的范围。

保持简单

保持简单就是避免过度地设计系统。随着复杂度的增加，系统运行的不稳定性、维护和其他方面的挑战以及安全控制无效的可能性都会增加[注22]。

还必须注意避免过度简化（例如，遗漏或忽略重要细节）。这通常发生在输入验证中，因为我们假设上游数据生成器将始终提供有效和安全的数据，并避免（错误地）进行我们的输入验证以简化操作。有关这些期望的更广泛讨论请参阅Brook S. E. Schoenfield 关于安全契约的工作[注23]。归根结底，干净、简单的设计优于过度设计，简单的设计通常会随着时间的推移提供安全优势，因此应该优先考虑。

没有秘密武器

不要依靠不透明、不公开作为安全手段。即使系统实现的每个细节都已知并已发布，你的系统设计也应具有抵抗攻击的能力。请注意，这并不意味着你需要发布它[注24]，并且实施操作所依据的数据必须受到保护——这只是意味着你应该假设每个细节都是已知的，而不是依赖于任何保密的方式保护你的资产。如果要保护资产，请使用正确的控制方式——加密或散列。不要指望行为者无法识别或发现你的秘密！

权限分离

它也称为职责分离，这一原则意味着将把系统内部功能或数据的访问分开，这样行为者就不会拥有所有权限。相关概念包括制造者／检查者，其中一个用户

注 22： Eric Bonabeau，"Understanding and Managing Complexity Risk"，*MIT Sloan Management Review*，2007 年 7 月，*https://oreil.ly/CfHAc*。

注 23： Brook S. E. Schoenfield, *Secrets of a Cyber Security Architect* (Boca Raton, FL: CRC Press, 2019).

注 24： 当然，除了使用 copyleft 许可证和开源项目时。

（或进程）可以请求进行操作并设置参数，但是需要另一个用户或进程授权后才能进行操作。这意味着单个实体不能不受阻碍或没有监督地执行恶意活动，提高了发生恶意行为的门槛。

考虑人为因素

人类用户被认为是任何系统中最薄弱的环节[注25]，因此，心理可接受性的概念必须是基本的设计约束。对强大的安全措施感到沮丧的用户将不可避免地想方设法绕过它们。

在开发安全系统时，决定用户可接受多少安全性至关重要。我们采用双因素验证而不是十六因素验证是有原因的。在用户和系统之间设置过多的障碍将发生以下情况之一：

- 用户停止使用系统。
- 用户找到解决方法来绕过安全措施。
- 停止支持安全决策的权力，因为它会影响生产力。

有效的日志记录

安全性不仅可以防止不良事件的发生，而且可以使你知道已发生的事情，并在可能的情况下知道发生了什么。查看发生了什么的能力来自能够有效地记录事件。

但是什么构成有效的日志记录呢？从安全的角度来看，安全分析师需要能够回答三个问题：

- 什么人执行了导致事件被记录的特定操作？
- 什么时间记录该动作或事件？
- 什么功能或数据被进程或用户访问了？

不可否认性与完整性密切相关，它意味着具有一组操作记录来表明谁做了什么，并且每项操作的记录都将完整性作为一个属性来维护。有了这个概念，行为者

注25： "Humans Are the Weakest Link in the Information Security Chain"，Kratikal Tech Pvt Ltd，2018 年 2 月，*https://oreil.ly/INf8d*。

就不可能声称自己没有执行特定的动作。

知道要记录什么以及如何保护是很重要的，知道不记录什么也至关重要。特别是：

- 绝对不应以纯文本形式记录个人身份信息（PII），以保护用户数据的隐私。
- 绝对不应记录 API 或函数调用中包含的敏感内容。
- 绝对不应记录加密内容的明文版本。
- 绝对不应记录密钥，例如，系统密码或用于解密数据的密钥。

在这里使用常识很重要，但是请注意，要避免将这些日志集成到代码中，这是对开发（主要是调试）需求的持续斗争。必须向开发团队明确：在代码中设置开关来控制是否应记录敏感内容以进行调试是不可接受的。在可部署的生产就绪代码中，绝不应该包含敏感信息的日志记录功能。

故障安全

当系统遇到故障情况时，这一原则意味着不要向潜在的敌人透露太多信息（例如，在日志或用户错误消息中），也不能简单地授予访问权限。

重要的是要理解，故障安全（fail secure）和故障保护（fail safe）之间存在显著差异。故障保护可能会与故障安全的要求相矛盾，因此需要在系统设计中进行协调。当然，在给定情况下，哪一种方法更合适需要具体情况具体分析。归根结底，故障安全意味着即使系统中某个组件或逻辑出现故障，结果也是安全的。

内置而不是借助硬件

安全性、隐私性和可靠性应该是系统的基本属性，任何安全特性都应该从一开始就包含在系统中注 26。

这三个属性不应被认为是事后的想法，也不应完全或主要依赖于使用的外部系统组件实现。这种模式的一个很好的例子是安全通信的实现。系统必须在本地

注 26： 某些安全功能可能会对可用性造成负面影响，因此，如果用户可以在部署系统时启用某些安全功能，则默认可以禁用某些安全功能。

支持这一点，即应该设计为支持传输层安全性（Transport Layer Security，TLS）或用于保护传输中数据机密性的类似方法。依靠用户安装专用的硬件系统来实现端到端通信安全性意味着，如果用户不这样做，则通信将不受保护，并且可能被恶意行为者访问。在系统安全方面，不要假设用户会代表你采取行动。

0.3 小结

阅读完本章后，你应该充分掌握了以下基础知识：威胁建模的基础知识、如何适应系统开发生命周期、重要的安全概念和术语，以及对理解系统安全至关重要的原则。在进行威胁建模时，你将在系统设计中寻找这些安全原则，以确保适当地保护系统免受入侵或破坏。

在第 1 章中，我们将讨论如何构造系统设计的抽象表示，以识别安全或隐私问题。在后面的章节中，我们将介绍基于本章中的概念和第 1 章中的建模技术的特定威胁建模方法论，以使用威胁建模活动进行完整的安全威胁评估。

系统建模

所有的模型都是错误的，但有些是有用的。

——G.E.P.Box，"Science and Statistics"，*Journal of the American Statistical Association*，71 (356), 791-799, doi:10.1080/01621459.1976.10480949.

系统建模（创建系统的抽象或表示）是威胁建模过程中非常重要的第一步。从系统模型收集的信息为威胁建模活动期间的分析提供了输入。

在本章中，我们将介绍不同类型的系统模型及其特点，以及创建有效的系统模型的指南。系统模型构建的专家能力将为你的威胁模型提供信息，并有助于更精确、更有效地分析和识别威胁。

在本章中，我们使用"模型"或"建模"这两个词来表示一个系统、其组件以及交互的抽象或表示。

1.1 为什么要创建系统模型

人们创建模型来预先计划或决定可能需要哪些资源、需要建立哪些框架、需要移动哪些山丘、需要填充哪些山谷以及将各个部分放在一起后如何交互。人类之所以创建模型，是因为与立即着手构建相比，以更小规模的示意图可视化可以更容易地进行更改。更改该示意图并更改这些部件之间的交互方式，比事后移动墙壁、框架、螺钉、引擎、地板、机翼、防火墙、服务器、功能或代码行更容易且更便宜。

我们也认识到，尽管模型和最终结果可能有所不同，但是拥有模型将始终有助于理解与制作和构建过程相关的细微差别及细节。出于安全目的，我们对软件和硬件系统进行建模，因为它使我们能够将系统置于理论压力之下，在系统实现之前理解压力将如何影响系统，并从整体上看待系统，以便我们可以在需要时关注漏洞细节。

在本章的其余部分，我们将向你展示威胁模型可以采用的各种可视化形式，并解释如何收集必要的信息来支持系统分析。在构建了模型之后，你采取的具体行动将取决于你选择遵循的方法，我们将在接下来的几章中介绍这些方法。

1.2 系统模型类型

如你所知，系统可能是复杂的，涉及许多活动部件以及组件之间发生的交互。人们并非生来就具有广泛的安全知识，而且大多数系统设计人员和开发者都不熟悉功能是如何被滥用或误用的。因此，那些想要确保系统分析既实用又有效的人需要降低分析的复杂度和数据量，并维护适量的信息。

这个时候，系统建模或者描述其突出部分和属性的系统抽象就可以发挥作用了。对要分析的系统进行良好的抽象将为你提供足够的正确信息，以做出明智的安全和设计决策。

几个世纪以来，模型一直用于向他人表达想法或传递知识。中国古代的建筑师会创建建筑模型[注1]，而古埃及的建筑师则经常制作比例模型来展示设计的可行性和意图[注2]。

创建系统模型——一个要分析威胁的系统的抽象或表示——可以使用一种或多种模型类型[注3]。

注 1: A. E. Dien, *Six Dynasties Civilization* (New Haven: Yale University Press, 2007), 214。

注 2: A. Smith, *Architectural Model as Machine* (Burlington, MA: Architectural Press, 2004)。

注 3: 还有其他生成适合分析的图形模型的方法，例如，使用其他 UML 模型类型或系统建模语言 (SysML)；以及其他可能对执行有效分析有用的模型类型，例如，控制流图和状态机。但是这些方法超出了本书的范围。

数据流图

数据流图（DFD）描述了系统中组件之间的数据流以及每个组件和流的属性。DFD 是威胁建模中最常用的系统模型形式，许多绘图程序包本身都支持 DFD，DFD 中的形状也易于人们手工绘制。

序列图

这是统一建模语言（UML）中的活动图，以有序的方式描述了系统组件的交互关系。由于序列图可以帮助设计人员了解一段时间内系统的状态，因此有助于识别对系统的威胁。这使你可以查看系统的属性、对它们的任何假设或期望，以及其运行过程中的变化。

过程流图

过程流图（PFD）突出显示了通过系统中组件之间的动作的操作流。

攻击树

攻击树描述了攻击者可能尝试的路径步骤，执行带有恶意意图的动作，以达到他们的目标。

鱼骨图

也被称为因果图或 Ishikawa 图，这些图显示了结果和导致这种结果发生的根本原因之间的关系。

你可以单独使用或一起使用这些系统建模技术来有效地查看使攻击者的工作更加轻松的安全态势的变化。这对于通过更改设计或系统假设来帮助设计师识别并消除潜在问题非常重要。将不同的模型类型用于它们最适合的目的。例如，使用 DFD 描述对象之间的关系，并使用序列图描述操作的顺序。我们将详细探讨每种方法，以便你了解每种方法的好处。

1.2.1 数据流图

当对系统进行建模以执行安全分析时，专家将 DFD 确定为一种可视化描述系统的有用方法。DFD 是用一种表示系统复杂度的符号开发的。

使用模型来理解系统的组件及其之间的关联关系，是在 20 世纪 50 年代功能流框图中出现的。20 世纪 70 年代，结构化分析和设计技术引入了 DFD 的概念注4。在进行威胁分析时，DFD 已经成为描述系统的标准方法。

分级的 DFD

数据流图通常会产生多个图形，每个图形都表示一个抽象层或抽象级别。顶层有时称为上下文层或第 0 层（简称为 L0），它包含从高级视图来看的系统及其与外部实体（如远程系统或用户）的交互。随后的层称为 L1、L2 等，深入研究各个系统组件和交互作用的详细信息，直到达到所需的详细信息级别或无法通过进一步分解系统元素获得额外的价值。

虽然没有正式标准对系统数据流建模时使用的形状进行定义，但是许多绘图包使用约定来关联形状及其含义和用途。

在构造 DFD 时，我们发现在数据流旁边突出显示特定的架构元素很有用。当分析模型中的安全隐患或使用模型来教育"项目新手"，并尝试做出准确的决策时，这些附加信息可能会有所帮助。我们提供了三种非标准的延伸形状供你参考，它们充当快捷方式，可以使你的模型更易于创建和理解。

元素（Element）（如图 1-1 所示）是一个标准形状，它代表了正在考虑的系统中的一个进程或操作单元。你应该始终标记你的元素，以便将来可以方便地引用它。元素是模型中其他单元之间的数据流（稍后将描述）的源或目标。要识别人类行为者，请使用行为者符号（参见图 1-4 中的示例）。

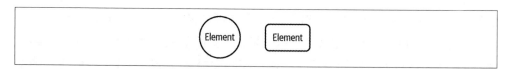

图 1-1：用于绘制数据流图中的元素符号

你还应该用每个对象的基本属性和元数据的说明来对对象进行注释。你可以将注释放在图本身上，也可以放在单独的文档中，然后使用标签将注释与对象相关联。

以下是你可能希望在模型对象的注释中捕获的潜在信息的列表：

注4： "Data Flow Diagrams (DFDs): An Agile Introduction"，敏捷建模站点，*https://oreil.ly/h7Uls*。

要获取的有关元素的潜在元数据列表（作为模型的注释）并不全面。你需要了解的系统元素的相关信息取决于你最终决定使用的方法（请参阅第 3 章～第 5 章）以及你试图识别的威胁。此列表列出了你可能会遇到的一些选项。

- 单元名称。如果它是可执行文件，那么在将其构建或安装在磁盘上时该怎么命名？

- 谁在你的组织（通常是开发团队）中拥有它？

- 如果这是一个进程，它将以什么权限级别运行（例如，始终是 root、setuid 或某些非权限用户）？

- 如果这是一个二进制对象，是否应该对其进行数字签名。如果进行数字签名，则采用哪种方法、证书或密钥？

- 元素使用什么编程语言？

- 对于托管代码或解释代码，使用的是什么运行时或字节码处理器？

人们常常忽略他们选择的编程语言的影响。例如，C 和 C++ 比解释型语言更容易发生基于内存的错误，与（可能被混淆的）二进制文件相比，脚本更易于进行逆向工程。这些是你在系统设计期间应该了解的重要特征，尤其是在进行威胁建模期间识别它们时，可以避免常见和严重的安全问题。如果你在系统开发过程中不足够早地了解这些信息以将其包含在威胁模型中，那么会出现威胁模型以后需要不断更新的情况注5。

其他元数据为进行更深入评估提供了上下文和机会，以及开发团队和系统利益相关者之间的讨论，你可能需要考虑：

- 是单元生产准备就绪、开发单元准备就绪，还是该元素仅短暂存在？例如，该单元仅存在于生产系统中而不存在于开发模式中吗？这可能意味着在某些环境中，由元素表示的进程可能不会执行或初始化。或者它可能不存在。例如，因为它是在设置某些编译标志时被编译出来的。一个很好的例子是测试模块或仅适用于暂存环境中以促进测试的组件。在威胁模型中指出这一点很重要。如果模块通过特定的接口或 API 进行操作，这些接口或 API 在准备阶段开放以方便测试，但即使在测试模块已被删除的情况下在生产中仍保持

注 5： 有关该主题的广泛讨论，请参阅 Brook S. E. Schoenfield, *Securing Systems: Applied Security Architecture and Threat Models* (Boca Raton, FL: CRC Press, 2015)。

开放，那么这就是一个需要解决的缺陷。

- 是否存在有关其预期执行流的信息？能否用状态机或序列图来描述？序列图可以帮助识别缺陷，详见 1.2.2 节。

- 它是否使用或启用了来自编译、链接或安装的特定标志[注6]？它覆盖了不同于系统默认设置的 SELinux 策略吗？正如前面提到的，当你构建第一个威胁模型时，可能不知道这一点，但是它为你提供了另一个机会，通过在项目过程中保持威胁模型的最新状态来增加价值。

使用元素符号来表示一个独立的处理单元，例如可执行文件或进程（取决于抽象级别），其中将元素细分为不太可能帮助人们理解该单元如何操作以及它可能容易受到哪些威胁的代表性组件。这可能需要一些练习——有时你可能需要描述处理单元的子元素以更好地理解它包含的交互。要描述子元素，请使用容器符号。

如图 1-2 所示，容器（Container）是另一种标准形状，表示所考虑的系统中包含其他元素和流的单元。该形状通常用于模型的上下文层（请参见 1.2.1 节的"分级的 DFD"），突出显示系统中的主要单元。当你创建容器元素时，表示你需要了解其中包含的元素，并且该容器代表了所有包含元素的组合交互作用和假设。这也是减少绘制模型时的忙碌程度的好方法。当存在任何给定的抽象级别时，容器可以是流入和流出其他模型实体的数据的源或目标。

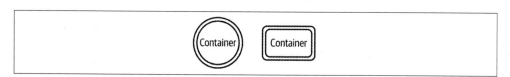

图 1-2：用于绘制数据流图的容器符号

与前面描述的元素一样，你应该为容器对象分配一个标签，并在其注释中包含该对象的元数据。元数据应该（至少）包括前面描述的元素中的所有元数据项，以及其中所包含内容的简要总结（例如，可能在其中找到的主要子系统或子进程）。

与代表所考虑系统内的一个单元的元素不同，图 1-3 所示的外部实体（External entity）符号表示在该系统的操作或功能中涉及但不在分析范围内的进程或系统。

注6： 常见标志包括 ASLR 或 DEP 支持或堆栈的警惕标志。

外部实体是标准形状。至少，外部实体为从远程进程或机制进入系统的数据流提供了一个来源。外部实体的例子通常包括用于访问 Web 服务器或类似服务的 Web 浏览器，但也可能包括任何类型的组件或处理单元。

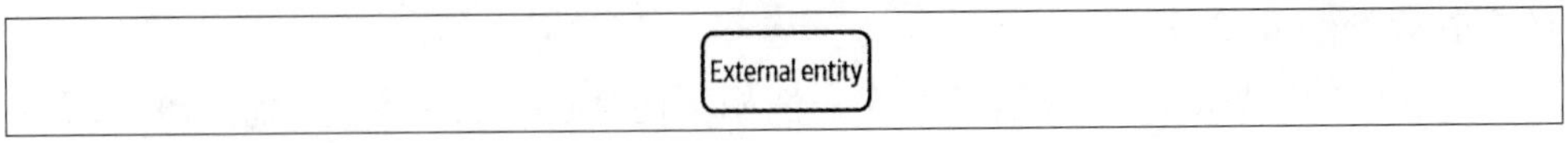

External entity

图 1-3：用于绘制数据流图的外部实体符号

行为者（Actor）（参见图 1-4）主要代表系统的人类用户，是与系统提供的接口有连接的标准形状 [直接连接，或通过一个中间的外部实体（如 Web 浏览器）连接]，通常用于绘图的上下文层。

Actor

图 1-4：用于绘制数据流图的行为者符号

如图 1-5 所示，数据存储（Data store）符号是一种代表一个功能单元的标准形状，该功能单元指示"大容量"数据保存在何处，例如数据库（但不总是数据库服务器）。你还可以使用数据存储符号来指示包含少量与安全性相关的数据的文件或缓冲区，例如，包含 Web 服务器 TLS 证书的私钥的文件[注 7]，或用于对象数据存储 [例如 Amazon Simple Storage Service（S3）存储桶] 存放应用程序的日志文件输出。数据存储符号也可以表示消息总线或共享内存区域。

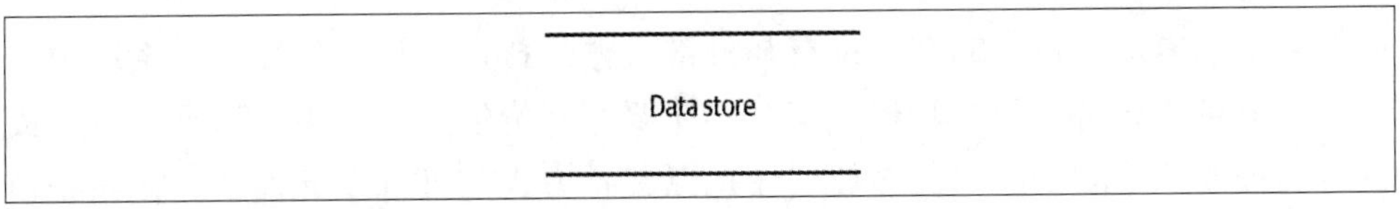

Data store

图 1-5：用于绘制数据流图的数据存储符号

数据存储应该被标记并有如下的元数据。

存储类型
　　这是一个文件、S3 存储桶、服务网格还是一个共享内存区域？

注 7：　在 Apache Tomcat 中使用这种机制。

所持有数据的类型和分类

发送到该模块的数据或从该模块读取的数据是结构化的还是非结构化的？是否采用任何特定格式，例如，XML 或 JSON？

数据的敏感性或价值

所管理的数据是与个人信息、安全性相关还是在本质上就是敏感的数据？

对数据存储本身的保护

例如，根（root）存储机制是否提供驱动器级加密？

复制

数据是否在不同的数据存储上复制？

备份

是否出于安全考虑将数据复制到另一个地方，但可能会降低安全性和访问控制？

 如果你正在建模一个包含数据库服务器（例如 MySQL 或 MongoDB）的系统，那么在模型中呈现它时有两种选择：（a）使用数据存储表示 DBMS 过程和数据存储位置；（b）一个 DBMS 元素和一个代表实际数据存储单元的连接数据存储。

每种选择各有优缺点。大多数人会选择选项（a），但是选项（b）对于云和嵌入式系统模型的有效威胁分析非常有用，其中的数据可能存在于共享数据通道或临时存储节点上。

如果一个元素是自包含的并且没有与外部实体连接，则该元素描述了系统中一个安全但可能非常无用的功能。一个实体要想有价值，它至少应该提供数据或创造一种变革性的功能。大多数实体也以某种方式与外部单元通信。在系统模型中，使用数据流符号来描述实体之间在何处以及如何进行交互。数据流实际上是一组符号，表示系统组件可以交互的多种方式。

如图 1-6 所示为一条基本线，它表示系统中两个元素之间的连接。它没有（也不能）传递任何额外的信息，因此当你在进行建模练习但无法获得该信息时，这个符号是一个很好的选择。

图 1-6：基本无向数据流的线符号

图 1-7 显示了一条一端带箭头的基本线，用于表示信息或动作的单向流。

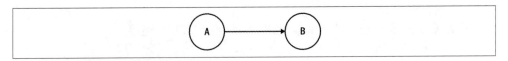

图 1-7：基本定向数据流的箭头符号

在图 1-8 中，图像的左侧显示了一条两端都有箭头的基本线，表示双向通信流。图像的右侧显示了用于双向通信流的替代符号。两者都是可以接受的，尽管右边的版本更传统，在复杂的图中更容易识别（冒着使图过于复杂的风险）。

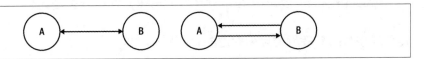

图 1-8：双向数据流的双头箭头

图 1-6、图 1-7 和图 1-8 是构建数据流图的标准形状。

请记住，我们提出的是惯例，而不是规则。这些形状以及它们在图表中表示什么或者如何使用它们来自集体实践，而不是官方标准文档[注8]。在威胁建模实践中，我们有时发现扩展传统的形状和元数据以更好地满足需求是很有用的。你将在本书中看到这些扩展。但是，一旦你熟悉了活动的目标和预期结果，就应该放心地根据自己的需要进行修改。定制可以使活动、经验和通过该活动获得的信息对你和相关的团队成员有价值。

图 1-9 显示了一个非标准的扩展形状，它是我们在常规的 DFD 形状之上提出的。这个形状是一个单项箭头，表示通信的起源。我们把它圈起来以突出标记。该标志在主要图形软件包的传输流工程模板中可用。

注 8：　Adam Shostack，"DFD3"，*GitHub, https://oreil.ly/OMVKu*。

图 1-9：可选的启动器标记

数据流应该有一个参考标签，并且你应该提供以下关键元数据。

通信信道的类型或性质

　　这是基于网络的通信流还是本地进程间通信（IPC）连接？

使用的协议

　　例如，数据是通过 HTTP 还是 HTTPS 传输的？如果它使用 HTTPS，它是依赖客户端证书来验证端点，还是通过双向 TLS 的方式？数据本身是否以某种独立于信道的方式受到保护（即加密或签名）？

通信的数据

　　通过信道发送的数据类型是什么？它的敏感性或分类是什么？

操作顺序（如果适用或对你的目的有用）

　　如果模型中流的数量有限，或者交互不是很复杂，则可以在每个数据流上标注操作的顺序或流的顺序，而不是创建一个单独的序列图。

在表示数据流本身的身份验证或其他安全控制时要小心。端点（服务器或客户端）负责或"提供"独立于它们之间任何潜在数据流的访问控制。考虑使用接口扩展建模元素，我们在本节后面将其描述为"端口"，这样可以简化绘图并促进对威胁的更有效分析。

在模型中使用数据流时，请记住以下事项。

首先，在图表和分析中使用箭头来指示数据流的方向。如果你有一条从元素 A 开始到元素 B 的线，并以箭头终止（如图 1-7 所示），则表明有意义的通信从 A 流向 B。对于应用程序或攻击者而言，这是数据交换，很有价值，但不一定是单个数据包、帧和确认（ACK）。同样，从 B 开始并在 A 处箭头终止的线表示通信从 B 流向 A。

其次，你可以从两种基本方法中进行选择，以显示模型中的双向通信流：如

图 1-8（左）所示，使用两端各有一个箭头的一条线；如图 1-8（右）所示，使用两条线，每个方向一个箭头。两条线方法比较传统，但是在功能上等效。使用两条线方法的另一个好处是，每个通信流可能具有不同的属性，因此在模型中使用两条线而不是一条线可以使注释更清晰。你可以选择使用任何一种方法，但是在整个模型中要保持一致。

最后，在模型中使用数据流的目的是描述与分析目的相关的通信的主要传播方向。如果通信路径表示基于 TCP 或 UDP 的任何标准协议，则数据包和帧将沿着信道从源到目的地来回传递。但是，这种详细程度通常对于威胁识别并不重要。

相反，重要的是要描述应用层数据或控制消息正在已建立的信道上传递，这就是数据流要传达的信息。然而，对于分析来说，理解哪个元素启动了通信流通常很重要。图 1-9 显示了一个标记，可以用来指示数据流的发起者。

下面的场景强调了这个标记在理解模型和分析系统中的用处。

元素 A 和元素 B 之间通过单向数据流符号连接，数据从 A 流向 B，如图 1-10 所示。

图 1-10：样本元素 A 和 B

元素 A 被注释为服务 A，而元素 B 是日志记录器客户端。你可能会得出这样的结论：B 作为数据的接收方发起了通信流。或者，你也可以根据对每个端点的标签的分析得出结论，认为 A 启动了数据流。在任何一种情况下，你都可能是正确的，因为模型是不明确的。

现在，如果模型包含附加到元素 A 端点上的启动器标记，该怎么办？这清楚地表明，发起通信流的是元素 A，而不是元素 B，A 将数据推送到 B。建模时可能会发生这种情况，例如，如果你正在对推送日志信息到日志记录器客户端的微服务进行建模。这是一种常见的架构模式，如图 1-11 所示。

图 1-11：样本元素 A 和 B，元素 A 上带有启动器标记

但是，如果启动器标记放在 B 而不是 A 上，你将对该模型段的潜在威胁得出不同的结论。这种设计将反映出另一种模式，在这种模式中，可能位于防火墙后面的日志记录器客户端需要出站与微服务通信，而不是相反的方式（参见图 1-12）。

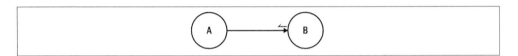

图 1-12：样本元素 A 和 B，元素 B 上带有启动器标记

图 1-13 中所示的符号传统上用于划分信任边界：线后的任何元素（线的曲率决定线后和线前的元素）相互信任。基本上，它用虚线标识了一个边界，在这个边界上所有的实体都在同一级别上受到信任。例如，你可以信任在防火墙或 VPN 后运行的所有进程。这并不意味着流是自动未经验证的。相反，信任边界意味着在该边界内操作的对象和实体在相同的信任级别上操作（例如，Ring 0 层）。

当你希望在建模系统过程中假定系统组件之间存在对称信任时，应该使用此符号。在具有非对称组件信任的系统中（也就是说，组件 A 可能信任组件 B，但组件 B 不信任组件 A），信任边界标记将是不合适的，你应该在数据流上使用注释，其中包含描述信任关系的信息。

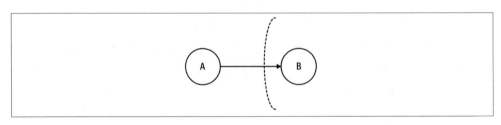

图 1-13：用于绘制数据流图的信任边界符号

如图 1-14 所示，有时也会使用相同的符号表示对特定数据流的安全保护方案，例如，通过使用 HTTPS 将数据流标记为具有机密性和完整性。该符号和注释的另一种选择是为数据流本身提供注释，这可能会导致模型中有大量组件或数据流，很混乱。

如果按传统意义使用（表示所有实体都具有相同信任级别的边界），则信任边界的必要元数据是实体对称信任关系的描述。如果此符号用于指示信道或流上的控制，则元数据应该包括正在使用的协议（例如，HTTP 或 HTTPS，是否相互TLS）、端口号（如果不是默认值），以及你希望表达的任何其他安全控制信息。

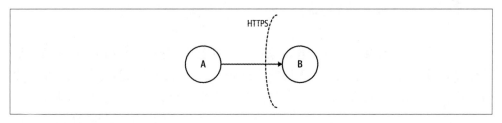

图 1-14：带注释的信任边界符号

图 1-15 中圈出的接口元素符号是另一种非标准扩展形状，它表示元素或容器的已定义连接点。这对于显示元素公开的端口或服务端点非常有用。当端点的特定用途在设计时未定义或不确定的话（或者，当端点的客户端在之前是未知的话），这尤其有用，因为该情况下绘制特定的数据流非常困难。虽然这似乎是一个微不足道的问题，但服务上的开放监听端点可能是架构风险的主要来源，因此能够从模型中识别这一点是非常关键的。

图 1-15：接口元素符号

每个接口均应具有描述其核心特征的标签和元数据：

- 如果该接口表示一个已知端口，请指明端口号。
- 识别通信信道或机制——例如，PHY 或第 1 层 / 第 2 层：以太网、VLAN、USB 人机接口设备（HID）或软件定义的网络——以及接口是否对外暴露给元素。
- 接口提供的通信协议（例如，第 4 层及以上的协议：TCP、IP、HTTP）。
- 对传入的连接（或潜在出站数据流）的访问控制，例如，任何类型的身份验证（密码或 SSH 密钥等），或者接口是否受到防火墙等外部设备的影响。

了解这些信息可以使分析更加容易，因为连接到接口的所有数据流都可以继承这些特征。因此，你的绘图也将变得更简单、更容易理解。如果你不想使用这些可选元素，请创建一个虚拟实体并将数据流发送到开放服务端点，这会使图形看起来更加复杂。

 图 1-16 中的形状（块）不是公认的 DFD 形状。之所以将其包含在其中是因为 Matt 认为这很有用，并希望证明：当有机会增加模型的价值或清晰度时，威胁建模并不仅限于传统的模板。

图 1-16 中的块元素表示一种架构元素，可选择性地更改其所连接的数据流。块还可以在数据流或进程边界的连接处修改端口。当主机防火墙、另一个物理设备或作为架构功能的逻辑机制存在且对分析很重要时，此形状将突出显示。块元素还可以显示可选的设备或附加设备，这些设备可能会以项目团队无法控制的方式影响系统，但不是传统意义上的外部实体。

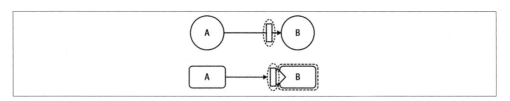

图 1-16：块符号

你应该为块元素收集元数据，包括常用标签以及以下内容：

块的类型

　　物理设备或逻辑单元，以及该单元是否为系统的可选组件。

行为

　　块的作用以及如何修改对端口或进程的流或访问。有关块所代表的单元所支持的行为修改，可以使用序列图或状态机来提供更多的详细信息。

 在开发系统模型时，一定要确定你和项目团队是否将使用特定的符号，以及是否决定改变其含义（有效地为威胁建模制定自己的规则，这是完全可以接受的!）。一定要与符号的使用保持一致，使活动有效并体现价值。

1.2.2 序列图

虽然 DFD 显示了系统组件之间的交互和互连以及数据在它们之间的流动方式，

但是序列图则显示了基于时间或基于事件的动作序列。序列图来自 UML，是 UML 中一种特殊化的交互图类型。作为威胁分析准备建模的一部分，用序列图补充 DFD 有助于提供有关系统行为方式和正确分析所需的时间方面的必要上下文。例如，DFD 可以向你显示客户端与服务器进行通信并将某种形式的数据传递给服务器。序列图将向你显示该通信流中使用的操作顺序。这可能会泄露重要信息，例如，谁发起了通信以及进程中可能引入安全或隐私风险（例如，未能正确实现协议或存在某些其他缺陷）的任何步骤。

在安全社区中已经有一些关于序列图对于执行此活动是否实际上比开发 DFD 更重要的讨论。这是因为正确构建的序列图可以比 DFD 提供更多有用的数据。序列图不仅显示流中涉及哪些数据、哪些实体，还说明数据如何在系统中流动以及以什么顺序流动。因此，使用序列图更容易发现业务逻辑和协议处理中的缺陷（在某些情况下，这是唯一可能的发现方法）。

序列图还突出了关键的设计故障，比如缺乏异常处理的区域、故障点或者安全控制未持续应用的其他区域。它还可以暴露被抑制或无意中被破坏的控件，或者竞争条件的潜在实例——包括可怕的检查时间使用时间（TOCTOU）缺陷——在这些实例中，仅仅知道数据流而不知道数据流的顺序，并不能识别这些缺陷。只有时间会证明使用序列图作为威胁建模中的平等伙伴是否会变得流行。

UML 中序列图的正式定义包括大量的建模元素，但是为了创建一个适合威胁分析的模型，你应该只关注以下子集。

图 1-17 显示了一个示例序列图，它模拟了一个虚构系统潜在的通信和调用流。

图 1-17 中显示的建模元素包括以下内容。

实体（对象 A 和 B）
 在所考虑的系统范围内，并且连接到与其他实体交互的“生命线”。

行为者（人类）
 这里没有表示，但是它们驻留在系统组件的外部，并与系统内的各种实体进行交互。

消息
 包含数据（"调用 A" "返回 B"）的消息从一个实体传递到另一个实体。实

体之间的消息可以是同步的，也可以是异步的。同步消息（由实心箭头表示）会阻塞直到响应就绪，而异步消息（由打开的箭头表示，未显示）是非阻塞的。以箭头结尾的虚线表示返回消息。消息也可以从一个实体发起和终止，而不传递给另一个实体，这由一个箭头表示，该箭头绕回它发起的实体的生命线上。

条件逻辑

可以将其放在消息流上以提供约束或前提条件，帮助识别业务逻辑缺陷引起的问题及其对数据流的影响。此条件逻辑（图 1-17 中未显示）将具有 [condition] 的形式，并将其与消息标签内联放置。

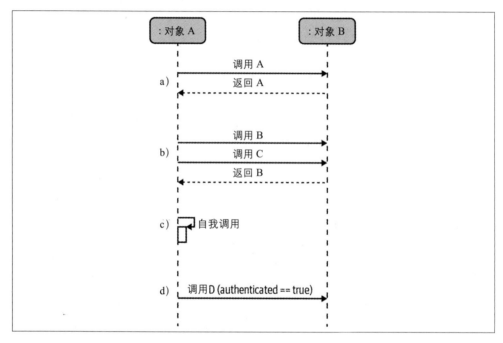

图 1-17：序列图形状

时间

在序列图中，时间从上到下流动：在图中较高的一条消息的发生时间比下面的消息要早。

构建序列图相当容易，难的是决定如何画一个序列图。我们建议你找到一个好的绘图工具，可以处理直线（实线和虚线）、基本形状和可以弯曲的箭头。微软的 Visio（或 draw.io 与 Lucidchart）或像 PlantUML 这样的 UML 建模工具都可以。

你还需要决定你计划将哪些动作建模为一个序列。好的选择包括身份验证或授权流，因为它们涉及多个实体（至少是一个行为者和一个进程，或多个进程）以预定义的方式交换关键数据。你可以成功地对涉及数据存储或异步处理模块的交互以及涉及多个实体的任何标准操作过程进行建模。

一旦你决定了想要建模的操作，就可以识别系统中元素的交互和操作。将每个元素添加到图中，作为一个贴近图顶部的矩形（如图 1-17 所示），并从元素矩形的底部中心直线向下画一条长线。最后，从图的顶部开始（沿着长长的垂直线），使用以一个方向或另一个方向的箭头结束的线来显示元素之间是如何交互的。

继续描述交互，进一步深入模型，直到你在预期的粒度级别上得出交互的自然结论。如果你使用一个物理白板或类似介质来绘制你的模型并做笔记，你可能需要在多个白板上继续你的模型，或者拍一张不完整的模型的照片并删除它，以继续你的建模。然后，你需要将这些碎片组合在一起，以形成一个完整的模型。

1.2.3 过程流图

传统上用于过程设计和化学工程的过程流图（PFD）显示了系统中操作流程的顺序和方向。PFD 与序列图相似，但通常处于更高的级别，显示系统中事件的活动链，而不是特定消息和组件状态转换的流程。

为了完整性起见，我们在这里提到过程流，但是在威胁建模中使用 PFD 并不普遍。然而，ThreatModeler 工具使用 PFD 作为其主要模型类型，因此某些人可能会发现它很有价值。

PFD 本质上可以与序列图互补。有时，你可以使用序列图描述 PFD 中的活动链，该序列图使用标签来指示消息流中的哪些段绑定到特定活动或事件中。图 1-18 显示了一个简单 Web 应用程序的事件的 PFD。

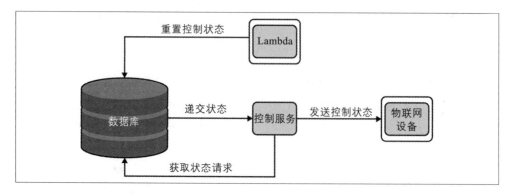

图 1-18：简单的过程流图

图 1-19 显示了把相同的 PFD 重绘为一个添加了活动框的序列图。

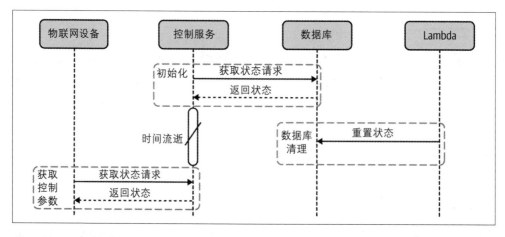

图 1-19：PFD 序列图

1.2.4 攻击树

攻击树已经在计算机科学领域中使用了 20 多年。通过对攻击者如何影响系统进行建模，有助于了解系统如何容易受到攻击。当使用以攻击者为中心的方法时，攻击树是威胁分析中的主要模型类型。

这种类型的模型从代表目标或期望结果的根节点开始。请记住，在这种模型类型中，结果对系统所有者是负面的，对攻击者却是正面的！中间节点和叶子节点代表实现父节点目标的可能方式。每个节点都标有要采取的措施，并且应包括如下信息：

- 执行操作以实现父节点目标的难度。

- 这样做的成本。

- 使攻击者成功所需的任何特殊知识或条件。

- 确定成功或失败的整体能力的任何其他相关信息。

图 1-20 显示了一个通用的攻击树，其中包含一个目标、攻击者用来达到目标的两个动作和两个子动作。

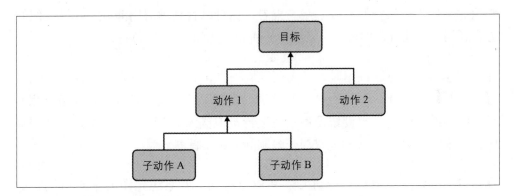

图 1-20：通用的攻击树图

攻击树对于威胁分析、了解攻击者对系统的实际风险级别和程度很有价值，因此需要精心构建攻击树，并提供正确的影响分析：

- 全面了解如何破坏某些事物——相对于"实际的"，更喜欢完整性和"可能性"。

- 理解不同类型和群体的攻击者可用的动机、技能和资源。

你可以使用以下步骤轻松地构建攻击树：

1. 识别攻击的对象或目的。

2. 识别为实现对象或目标而要采取的行动。

3. 执行并重复。

识别攻击的对象或目标

在本例中，假设攻击者希望通过嵌入式设备上的远程代码执行（Remote Code Execution，RCE）方式在系统上建立持久驻留。图 1-21 显示了在演进的攻击树中可能出现的情况。

执行 RCE

图 1-21：示例攻击树，步骤 1：确定高级对象或目标

识别为实现对象或目标而要采取的行动

你如何在该系统上执行 RCE？一种方法是找到可利用的缓冲区栈溢出漏洞，并利用它来传递可执行的有效负载。或者，你可以找到堆溢出漏洞，并以类似的方式利用它。此时，你可能对系统一无所知，想知道这是否可行。

在现实生活中进行此练习时，你需要现实一点，并确保仅确定对被评估系统有意义的目标和操作。因此，对于本示例，我们假设此嵌入式设备正在运行用 C 语言编写的代码。还假设该设备正在运行类似嵌入式 Linux 的操作系统——实时操作系统（RTOS）或其他资源受限制的 Linux 版本。

那么，可能需要采取什么行动来获得 RCE 能力呢？系统允许远程 shell 吗？如果我们假设该设备具有闪存或某种可引导媒体，并且可以接受无线在线更新（OTA），那么我们也可以添加文件操作和 OTA 固件欺骗或修改作为实现 RCE 的操作。你所能识别的任何可能的动作都应该被添加到攻击树中，如图 1-22 所示。

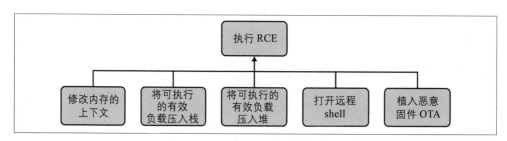

图 1-22：示例攻击树，步骤 2：确定实现目标所需的操作

执行并重复

这才是真正有趣的地方！尝试思考实现下一个结果顺序的方法。不必担心可行性或可能性，分析和根据这种分析做出的决策将在稍后进行。请记住，你戴上了黑客的帽子，因此请像他们一样思考。无论你的想法多么疯狂，有人都可能尝试类似的方法。在此阶段，详尽的可能性清单要比部分可行性清单好。

当不需要额外的子步骤来完成一个动作时，你的树就完成了。如果你的树看起来不平衡，请不要担心，并非所有动作都需要相同级别的复杂度才能获得结果。同样不要担心节点是否悬空——为攻击者识别实现目标的所有可能方案可能并不容易（最好考虑尽可能多的方案，但是可能无法识别所有方案）。图 1-23 显示了演进的（可能是完整的）攻击树，指出了攻击者可能达到其目标的方法。

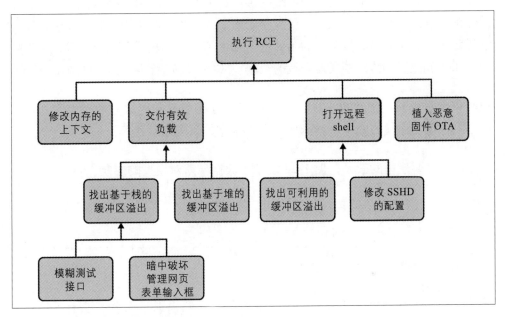

图 1-23：样本攻击树，第 3 步及以后：确定实现子目标的子动作

作为集体头脑风暴练习，学习如何打破某些东西或完成先决目标更容易。这让具有技术和安全知识的个人将他们的专业知识添加到组织中，以便你可以识别所有攻击树的可能节点和叶子。了解你的组织的风险偏好或你的组织愿意接受的风险量，可以明确你应该在推演上花费多少时间，以及该组织是否愿意采取必要的行动来解决已识别的问题。

对于大多数企业和安全从业人员而言，了解攻击者的行为方式是一项重大挑战，但是像 MITER ATT & CK 框架这样的社区资源使对威胁行为者的技术、技能和动机的识别和表征更加容易。它肯定不是灵丹妙药，因为它只是与支持它的社区一样好，如果你不了解攻击者团体在现实世界中的行为，那么亚当·肖斯塔克（Adam Shostack）的这篇博客文章（*https://oreil.ly/xizOp*）总结了乔纳森·马西尔（Jonathan Marcil）的演讲，是供你考虑的绝佳资源。

1.2.5 鱼骨图

鱼骨图也称为因果图或 Ishikawa 图，主要用于问题陈述的根本原因分析。图 1-24 显示了鱼骨图的示例。

与攻击树类似，鱼骨图可以帮助你识别任何给定区域的系统缺陷。这些图对于识别过程中的陷阱或缺陷（例如，系统的供应链中发现的缺陷）也很有用，你可能需要在其中分析组件交付或制造、配置管理或关键资产的保护。此建模过程还可以帮助你了解导致漏洞被利用的事件链。知道了这些信息后，你就可以构造更好的 DFD（知道要问的问题或要查找的数据），并识别新型威胁以及安全测试用例。

构造鱼骨图类似于创建攻击树，除了标识目标模型和实现目标的操作以外，你还可以标识要建模的效果。本示例对数据暴露的原因进行建模。

首先，定义要建模的效果。图 1-24 展示了数据暴露对模型的影响。

图 1-24：鱼骨图样本，第 1 步：主要效果

然后，你要识别导致该结果的一组主要原因。我们识别了三个：过于冗长的日志、秘密通道和用户错误，如图 1-25 所示。

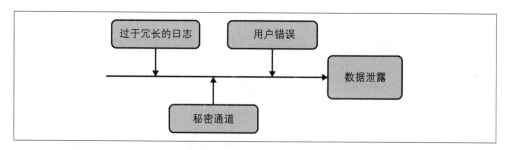

图 1-25：鱼骨图样本，第 2 步：主要原因

最后，你识别驱动主要原因的一组原因（以此类推）。我们已经识别出导致用户错误的主要原因是用户界面混乱。这个例子只识别了三种威胁，但你会想要创建更大和更广泛的模型，这取决于你希望花费多少时间和精力以及结果的粒度。图 1-26 显示了完整状态的鱼骨图，包含预期效果、主要原因和次要原因。

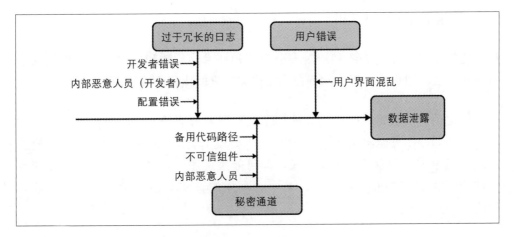

图 1-26：鱼骨图样本，第 3 步：次要原因

1.3 如何构建系统模型

创建系统模型的基本过程是从识别系统中的主要构造块开始的——可以是应用程序、服务器、数据库或数据存储等。然后识别每个主要构建块之间的连接：

- 应用程序是否支持 API 或用户界面？

- 服务器是否有监听端口？如果是的话，使用的是什么协议？

- 什么在与数据库通信？与它通信的内容是什么？是仅读取数据，还是也可以写入数据？

- 数据库如何控制访问？

保持跟进会话的线程，并遍历模型中此上下文层的每个实体，直到完成所有必要的连接、接口、协议和数据流。

下一步，选择其中一个实体（通常是应用程序或服务器元素），其中可能包含你需要发现的其他详细信息，以便识别出需要关注的区域并将其进一步细分。在查看组成应用程序或服务器的子部分时，请着重关注与应用程序之间的入口点和出口点以及这些信道的连接位置。

还应考虑各个子部分之间如何进行通信，包括通信信道、协议以及跨信道传递的数据类型。你将要根据添加到模型中的形状类型添加任何相关信息（在本章的后面，你将学到有关使用元数据注释模型的信息）。

在构建模型时，你将需要利用对安全原则和技术的判断和知识来收集信息以进行威胁评估。理想情况下，你将在构建模型后立即执行此威胁评估。

在开始之前，请确定你可能需要的模型类型以及打算使用的每种模型类型的符号集。例如，你可能决定使用 DFD 作为主要模型类型，但要使用由你正在使用的绘图包中定义的默认符号集。或者你可能决定还要包括序列图，如果你的系统使用组件之间的非标准交互，其中可利用的缺陷会被隐藏，序列图将是合适的。

作为建模练习的领导者（就本章而言，是你），你需要确保包括合适的利益相关者在内。邀请首席架构师、其他设计师和开发负责人参加建模会议。你还应该考虑邀请质量保证（QA）主管。鼓励项目团队的所有成员为模型的构建提供意见，尽管实际上，我们建议将与会者列表保持在易于管理的范围内。

如果这是你或开发团队第一次创建系统模型，请不要着急。你要向团队说明练习的目标或预期结果，还应该指出你期望练习进行多长时间、你将遵循的过程、你在练习中的角色以及每个利益相关者的角色。为防止团队成员之间彼此不太熟悉的情况，请在会议开始前在房间内进行介绍。

你还应该确定谁负责会议期间所需的任何笔记。我们建议你自己记录，因为它始终使你处于对话的中心，并为与会者提供专注于手头任务的机会。

在探索系统时，有几点值得一提：

练习的时机很重要

如果会议时间太早，设计将无法充分形成，当不同观点的设计师互相挑战并在非紧要问题上展开讨论时，会产生大量的混乱。但是，如果开会时间太晚，则设计可能已成定局，威胁分析过程中发现的任何问题都可能无法及时解决，这使会议成为文档练习，而不是威胁分析。

不同的利益相关者对事情的看法不同

我们发现，特别是随着参加人数的增加，在设计或实施系统时，利益相关者并不总是站在同样的角度。你需要引导对话以识别设计的正确路径。你可能还需要主持讨论，以免造成麻烦和无效的话题，并警惕私人对话，因为它们会带来不必要和耗时的干扰。利益相关者在系统建模过程中进行适当的对话通常会导致"尤里卡"时刻，使得对设计的期望与实施的现实发生了冲突，因此团队应该能够识别约束在没有控制的情况下修改了初始设计的地方。

未解决的问题也可以

尽管你可能会追求完美，但对丢失的信息还要能接受。只要确保避免或尽量减少已知的错误信息即可。在模型中有一个充满问号的数据流或元素，比让所有内容都完整（除了一些已知的错误）要好。垃圾进垃圾出，在这种情况下，不准确将导致分析不佳，这可能意味着存在多个错误的威胁发现，更糟的是，隐藏在系统潜在关键区域的威胁没有被发现。

我们建议你将系统建模作为指导性练习。如果项目团队不熟悉模型构建过程，这尤其重要。对于产品开发团队外部的人员来说，进行建模练习通常是有益的，因为这样可以避免就系统设计及其对交付要求的潜在影响产生利益冲突。

这并不是说促进模型构建的人员应该完全公正。领导者将负责集合必要的行为者，与该团队一起定义团队打算构建的系统，并提供足够的详细信息以支持以后的分析。因此，领导者应该是结果的推动者，而不是无关的第三方。他们确实需要从设计中删除足够多的内容（以及做出的假设或捷径或忽略的风险），以便对系统进行批判性分析，并能够梳理出对威胁分析有用的信息。

作为领导者，在分析模型时，尽可能多地获得准确而完整的信息非常重要。你的分析可能会导致系统设计发生更改，并且开始使用的信息越准确，就可以做出更好的分析和建议。密切关注细节，并愿意并且能够推翻"难题"，在正确的时间找到正确的信息。你还应该熟悉涉及的技术、所设计系统的目的以及参与该练习的人员。

虽然你无须成为安全专家即可构建良好的系统模型，但是通常会进行模型构建，这是威胁分析阶段的先决条件。这通常是快速连续进行的，这表明你可能也应该是项目部分的安全负责人。现实情况是，对于现代开发项目，你可能不是系统所涉及的所有方面的专家，因此你必须依靠队友来弥补你的知识空白，并更多地充当促进者的角色，以确保团队有效地开发出具有代表性的准确模型。

 如果你是负责交付用于分析的系统模型的领导者，那么你应该能够接受不完美，特别是在开始一个系统的新模型时。你将有机会在连续的迭代中改进模型。

无论你多么擅长绘制模型，或询问设计师关于向你提供的系统的信息，至少在最初，你需要的全部信息很可能会丢失或不可用。那很好。系统模型表示所考虑的系统，不需要一定完全准确。为了使分析有效，你必须了解有关系统和系统中每个元素的一些基本事实，但不要尝试完美，否则你会灰心。

通过记住一些简单的事情，可以提高成功领导此活动的机会：

建立无责区

对要分析的系统有强烈依恋的个人将有自己的见解和感觉。尽管你应该期望与会人员的专业水准，但是如果你避免在系统建模会议中变得不拘一格，那么争执和激烈的争论可能会导致糟糕的工作关系。准备好主持讨论，以防止个别人犯错误，并将对话转移到你现在拥有的巨大学习机会上。

没有惊喜

明确打算完成的工作，记录流程，并给开发团队提供注意事项。

训练

通过向他们展示需要完成的工作以及需要他们提供哪些信息来帮助你的团队，从而使他们成功。动手训练特别有效，但是在这个视频日志（vlog）和实时流媒体的时代，你还可以考虑录制实时建模会话"关键角色"（*https://critrole.com/videos*），并让你的开发团队审阅视频。这可能是花在培训上的两三个小时的最佳时间。

做好准备

在进行系统建模之前，请先询问有关目标系统的信息，例如系统要求、功能规格或用户案例。这将使你了解设计人员在考虑一组模块时可能会走到哪里，并帮助你提出可以帮助获得良好模型所需信息水平的问题。

用食物和饮料激励行为者

带甜甜圈、比萨饼（取决于一天中的时间）、咖啡或其他小吃。食品和饮料在建立信任和吸引与会者讨论棘手的话题方面有神奇的效果。

获得领导的认同

如果参会者知道自己的管理团队正在参加此活动，他们会感到很自在，并分享他们的想法和主意。

创建系统模型时，无论类型如何，都可以选择将其绘制在白板或虚拟白板应用程序中，然后将其转换为你喜欢的绘图包。但是你不必总是手动操作，要知道在线和离线实用程序注9 今天都是可用的，使你无须先手动绘制模型即可创建模型。

如果使用这些绘图包中的任何一个，则应提出自己的方法，如前所述，为每个元素添加元数据注释。你可以在图本身中以文本框或标注的形式执行此操作，但这可能会使图变得混乱。一些绘图应用程序执行对象和连接的自动布局，这在复杂的图中看起来像意大利面条。你也可以在自己喜欢的文本编辑器中创建一个单独的文档，并为图中显示的每个元素提供必要的元数据。图表和文本文档的组合成为"模型"，使人们能够执行分析以识别威胁和缺陷。

1.4 好的系统模型是什么样子的

尽管你已尽力而为，但是由于你拥有太多信息，甚至是不正确的信息，因此可能会导致复杂性。有时，模型本身的潜在详细程度，以及随后需要对模型进行分析所需的大量工作，是从所有战斗中转移过来的可喜现象。另外，你的环境或细分市场可能需要极高的详细程度。例如，某些行业（例如，运输或医疗设备）需要更高的分析度以解决更高的保证度。但是，对于大多数人来说，威胁建模通常被视为对其他看似更关键的任务不熟悉、不安或不受欢迎。但是到目前为止，你已经知道：良好的威胁模型将带来回报。

但是，什么是好的模型呢？它取决于各种因素，包括你使用的方法、目标以及花费的时间和精力。虽然很难描述一个好的模型，但是我们可以重点介绍构成

注9： draw.io、Lucidchart、Microsoft Visio、OWASP Threat Dragon 和 Dia 等。

一个好的系统模型的关键点。好的模型至少具有以下特性。

准确

保持模型中没有不正确或具有误导性的信息，这些信息会导致不完善的威胁分析。这很难单独完成，因此获得系统设计人员、开发者以及项目其他人员的支持至关重要。

有意义

模型应包含信息，而不仅仅是数据。请记住，你正在尝试捕获指向系统内"潜在危害条件"的信息。识别这些条件取决于最终选择的威胁建模方法。你所使用的方法论可以识别你是仅在寻找可利用的缺陷（又名漏洞），还是要识别系统中可能包含或不可以利用缺陷的不同部分（因为从理论上讲，它们在实践中很可能会被利用，而在纸上没有）。

有时人们想要捕获有关系统的尽可能多的元数据。但是建模的重点是创建系统的表示而不用重新创建它，它提供了足够的数据来对系统的特性进行推断和直接判断。

有代表性

该模型应尝试代表架构师的设计意图或开发团队已实现的实现。该模型可以告诉我们从设计或实施的系统的安全状态中可以期待什么，但通常不能两者兼而有之。

活的

你的系统不是静态的。你的开发团队始终在进行更改、升级和修复。因为你的系统总是在变化，所以你的模型需要活文档。定期重新检查模型以确保其准确性。它应反映当前预期的系统设计或当前的系统实现。用模型"是什么"代替"应该是"。

确定模型何时"良好"并不容易。为了确定系统模型的质量和"优劣"，你应该制定准则并将其提供给所有行为者。这些准则应阐明使用哪种建模构造（即形状，方法）以及用于什么目的。它们还应该识别要争取的粒度级别以及信息多少算太多。包括样式指导，例如，如何在模型图中记录注释或使用颜色。

指导原则本身不是规则。它们提供建模练习的一致性。但是，如果团队成员偏离了指导原则，但在建立质量模型方面有效，则应全力以赴。当参与者（系统的设计者和其他利益相关者以及你自己）同意模型可以很好地表示你要构建的模型时，请宣布团队创建的第一个模型成功。挑战可能仍然存在，利益相关者可能对他们的创建有所保留（系统，而不是模型），但是团队已经清除了第一个障碍，应该对此表示祝贺。

1.5 小结

在本章中，你了解了创建复杂系统模型的简要历史以及威胁建模中常用的模型类型，还了解了可以帮助你和你的团队将适当数量的信息输入模型的技术。这将帮助你在大量信息中找到数据，同时避免分析瘫痪。

在第 2 章中，我们将提出一种通用的威胁建模方法。在第 3 章中，我们将介绍一系列行业认可的方法，用于识别威胁并确定优先级。

第 2 章

威胁建模的通用方法

如果你一直都做同样的事，就会得到同样的结果。

    ——亨利·福特

威胁建模作为分析威胁的一种系统设计练习，遵循一致的做法，可以概括为几个基本步骤。本章介绍威胁建模的一般流程，还提供有关在系统模型中查找的内容以及由于威胁建模而可能永远无法发现的内容的信息。

2.1 基本步骤

本节展示的基本步骤涵盖了威胁建模的一般流程。经验丰富的建模师可以并行地执行这些步骤，并且在大多数情况下可以自动化执行这些步骤。他们会在模型形成时不断评估系统的状态，并且能够在模型达到预期的成熟度之前就提出需要关注的领域。

这可能需要你花一些时间来达到那种舒适和熟悉的水平，但通过练习，这些步骤将成为你的习惯。

1. 识别所考虑系统中的对象

识别在你要建模的系统中出现并与之关联的元素、数据存储、外部实体和行为者，并收集特征或属性作为相关的元数据（在本章的后面，我们将提供一些示例问题，你可以使用这些问题来简化元数据的收集）。注意每个对象支持或提供的安全功能和控制，以及任何明显的缺陷（比如，在 HTTP 上公开 Web 服务器的元素，或者不需要身份验证就可以访问的数据库）。

2. 识别这些对象之间的流

识别步骤 1 中描述的对象之间的数据流动方式。然后记录这些流的元数据，比如协议、数据分类和敏感性，以及数据流向。

3. 确定感兴趣的资产

详细说明由对象持有的或由步骤 2 中标识的流进行通信的相关或有趣资产。请记住，资产可能包括数据——应用程序内部的数据（比如控制标志或配置设置），或与应用程序功能相关的数据（例如，用户数据）。

4. 识别系统的缺陷和漏洞

根据系统对象和流的特征，理解步骤 3 中识别的资产的机密性、完整性、可用性、隐私性和安全性可能受到的影响。特别是，你正在寻找违反第 0 章中描述的安全原则的情况。例如，如果资产包含安全令牌或密钥，而该密钥在某些条件下可能被不正确地访问（导致丧失机密性），那么你已经发现了一个缺陷。如果这个缺陷是可利用的，那么你就有了一个可能造成威胁的漏洞。

5. 识别威胁

你需要将针对系统资产的漏洞与威胁行为者关联起来，以确定每个漏洞被利用的可能性，这将给系统带来安全风险。

6. 确定可利用性

最后，识别攻击者通过系统可能会对一个或多个资产造成影响的路径。换句话说，识别攻击者如何利用步骤 4 中确定的缺陷。

2.2 你在系统模型中寻找的是什么

一旦你有了一个可以工作的模型，在任何完整性（或准确性）状态下，你都可以开始检查模型是否存在漏洞和威胁。这就是从系统建模过渡到威胁建模的地方。此时，你可能会问自己："我到底应该在这些乱七八糟的框、行和文本中寻找什么呢？"

简短的答案是：你正在寻找攻击者（如果他们也有动机）对你的系统进行攻击需要的手段和机会[注1]。

注 1：　Peter J. Dostal，"Circumstantial Evidence"，The Criminal Law Notebook，*https://oreil.ly/3yyB4*。

手段

系统是否为攻击提供了一个攻击向量？

机会

系统的使用或部署（或在更细粒度的层次上，单个组件）是否会导致具有适当动机的攻击者可以用来进行攻击的路径或访问？

动机

攻击者是否有理由对你的系统进行攻击？一个足够有动机的攻击者也可能创造超出你预期的攻击机会。

手段和机会构成威胁的基础。敌人的动机是最难准确了解的，这就是为什么风险作为一个概念存在——只有在一定程度的置信度下才能知道动机，并且只能通过概率对实际的利用尝试进行可靠的评估。根据定义，风险是一种可能性的度量（敌人有动机、机会和手段的机会有多大？）和影响。除了动机之外，你还必须评估潜在攻击者造成威胁事件的能力。

因为有这么多因素影响攻击的可能性和成功的可能性，所以不可能准确地量化风险，除非在特定的（可能是独特的）情况下。

2.2.1 通常的嫌疑犯

以下是一份不详尽的术语清单，供你在学习识别模型中需要关注的领域时参考。

任何不安全的协议

有些协议有两种形式，一种具有安全性，另一种不具有安全性（具有安全性的协议通常以"s"结尾）。另外，由于安全知识、攻击或分析技术的变化，或者设计或流行实现中的缺陷，协议可能被认为是薄弱的。例如：

```
http
ftp
telnet
ntp
snmpv1
wep
sslv3
```

如果你发现其中任何一种或类似的不安全（不安全，无法保护或不再能够满足安全期望）或薄弱协议，并且你感兴趣的资产正在通过其中之一进行通信或访问，请将其标记为一个会导致机密性和完整性被破坏的潜在漏洞。

未经身份验证的任何流程或数据存储

公开关键服务（如数据库服务器或 Web 服务器）且不需要身份验证的流程是一个直接的危险信号，特别是当某个组件存储、传输或接收你的关键资产（数据）时。缺乏身份验证就像不安全的协议一样容易暴露数据。

在这种情况下，寻找可帮助缓解威胁影响的补偿性控件非常重要。这些控件通常依赖于对攻击者身份的识别，但是在这种情况下，你并不拥有系统提供的身份。不过，你可以用源 IP 地址的形式进行标识（当然，任何聪明的攻击者都将通过该地址进行欺骗，以使你的安全操作中心无法识别）。确保突出显示检测恶意访问的所有功能。如果没有可用的控件，则缺少身份验证将是你要解决的最高优先事项之一（很好的发现！）。

未能授权访问关键资产或功能的任何流程

与缺乏身份验证类似，暴露未能正确授权访问的关键服务的流程（通过向所有用户授予相同的权限而不管其身份是什么，或向单个行为者授予过多的权限）是攻击者试图利用的热点，从而危害你的敏感资产。通过凭据填充、暴力破解和社会工程学等方式，可以将凭据传递给恶意行为者，他们将使用凭据访问关键功能，从而访问系统的"皇冠上的宝石"，而使用弱授权模型意味着任何账户都可以有效地完成任务。

相反，如果你的系统"竖立"虚拟墙并基于最小权限和职责分离的授权模型，那么攻击者通往目标资产的路径将更具挑战性。使用有效的访问控制机制（例如，针对用户的 RBAC 机制和针对进程的 MAC 机制）使管理更容易且更不易出错，并提供可见性，从而使安全性验证比零碎的方法更有效。

任何丢失日志记录的流程

虽然任何试图执行安全性原则的开发者或系统设计人员的主要目标都是首先防止攻击者进入系统，但第二个目标是使攻击者很难在系统中转移（导致他们花费更多的精力和时间，并可能将其攻击转移到其他地方）。可追溯性是系统应具有的一项关键功能，它可以识别攻击者利用系统漏洞进行的任何尝试，并且可以在事后对适当的行为进行审计。缺少关键系统事件（尤其是与安全性相关的事件）的日志记录的过程应该引起关注。如果不了解系统的行为和其中的行为者的行动（或尝试采取的行动），则系统的操作者将遭受"战争迷雾（*https://oreil.ly/UIF6Y*）"的困扰，这使他们在与敌人的竞争中处于非常不利的地位。

纯文本类型的敏感资产

如果你认为数据资产是敏感资产，你是否会将其记录在纸上并用胶带粘贴到计算机显示器上[注2]？那么，为什么要让它"透明"地驻留在计算机磁盘或非易失性存储上？相反，应该根据它的用途使用加密或者以散列的方式对其进行保护。

没有完整性控制的敏感数据资产

即使你通过加密保护了资产，使它们不被访问（读取），你也需要保护它们不被篡改。当涉及敏感资产时，如果篡改证据或防篡改能力不是你的系统的一个特征，这应该是一个危险信号。篡改证据意味着在对资产进行修改时要有足够的日志记录，但是我们还建议执行完整性检查。数字签名和加密哈希算法使用密钥生成可用于验证数据完整性的信息，并且也可以验证该信息的完整性和真实性。防篡改是很难支持的功能。而且，在软件中，通常需要使用安全参考监视器（一种特殊保护的进程，可以对所有资产和操作执行完整性验证）来防止恶意修改。还存在用于篡改证据和防篡改功能的物理安全选项[注3]。

 在某些系统中（例如嵌入式设备），只要对存储位置的访问有严格的限制，就可以将某些资产以纯文本格式存储在存储位置中。例如，一次性可编程（OTP）存储器中存储的密钥是明文形式的，但通常只有隔离的安全处理器（例如，密码加速器）才可以访问，并且攻击者几乎肯定需要完全破坏设备才能获得访问权限密钥，可能会使你和你的领导层"承担"风险。

密码的不正确使用

密码学对于保护敏感资产至关重要，但很容易被错误使用。通常可能很难

注2： 这是计算机用户存储密码的常见方式！

注3： 如美国 NIST FIPS 140-2 中定义的，*https://oreil.ly/N_pfq*。

知道什么时候密码没有被正确使用，但注意以下内容将告诉你是否存在潜在的隐患。

- 散列需要以原始形式读取或使用的信息（例如，在对远程系统进行身份验证时）。

- 当密钥与数据在同一个组件中时，使用对称加密算法 [如高级加密标准（AES）] 进行加密。

- 没有使用加密安全的随机数生成器（*https://oreil.ly/Ld4wm*）。

- 使用你自己的加密算法[注4]。

跨越信任边界的通信路径

当数据从一个系统组件移动到另一个系统组件时，攻击者可能会拦截数据以窃取数据、篡改数据或阻止数据到达目的地。如果通信路径超出组件之间信任关系的范围（在组件集合中，每个组件都被认为是可信的），则尤其如此。这就是跨越信任边界的含义。例如，考虑企业通信——如果消息是在公司内部的个人之间传递的，那么每个人通常都是可信的，并且信任边界没有被跨越。但是，如果消息离开了组织，例如通过电子邮件发送给外部行为者，则消息不再受到受信任的行为者或系统的保护，并且需要保护措施来确保消息的可信度、完整性和机密性得到维护。

前面的清单侧重于寻找安全隐患，但也很容易扩展到包括隐私或安全隐患。需要注意，一些安全标记可能会直接导致隐私或其他问题，这取决于系统在设计和操作中的资产和目标。

一些系统模型类型（比如序列图）很容易发现不安全性。例如，要确定 TOCTOU（*https://oreil.ly/l3Jaq*）安全问题，请查找两个或多个实体和数据（存储或缓冲区）之间的交互序列。具体来说，你希望定位单个流程与数据交互两次，但在这两次交互之间有单独的实体与数据交互的位置。如果干预访问导致数据的状态改变，例如锁定内存或更改缓冲区的值或删除数据存储内容，则可能会导致其他实体的不良行为。

图 2-1 是一个示例序列图，展示了 TOCTOU 存在缺陷的常见场景。

注 4：　除非你是密码学家或数学专家，否则请不要这样做！

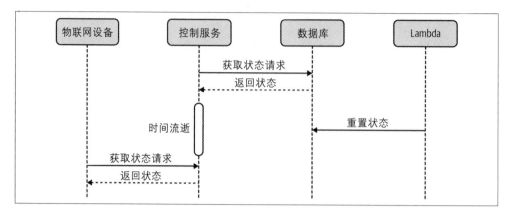

图 2-1：显示 TOCTOU 的样本序列图

你能发现问题所在吗？[注5]

2.2.2 你不应该期待的发现

系统模型是系统及其属性的抽象或近似。威胁建模最好"尽早而频繁地"完成，并且主要集中在系统的架构和设计方面。由于语言限制、嵌入式组件或开发者的选择，导致通过这个练习，你无法发现关键问题是由于实现的缺陷导致的。

例如，虽然可以知道你使用了正确的加密形式来保护敏感资产，但在设计时很难知道在密钥生成过程中是否正确地植入了随机数生成器。你可以预测可能会存在一个值得关注的原因，并且可以模拟实际中播种不佳所带来的影响，但是此时你的发现是理论性的，因此不一定具备可操作性[注6]。同样，你可能从模型中知道某个特定功能是用一种难以保证内存安全的语言编写的（例如，C 语言），但是将很难知道你的 200 个 API 中，其中 3 个具有可远程利用的基于堆栈的缓冲区溢出漏洞。你应该注意不要成为组织中"哭泣的狼（*https://oreil.ly/fVc3L*）"的人，而应该专注于可执行和可防护的结果。

2.3 威胁情报收集

预测哪些特定的行为者可能想要攻击你的系统，利用你已经识别的漏洞来访问

注 5：　答案：控制服务过早从数据库中获取控制状态变量，并没有更新其本地副本，导致在请求状态变量时返回错误值给设备。

注 6：　第 5 章中提出的持续威胁建模（CTM）为这个难题提供了一个潜在的解决方案。

系统中的资产，这个想法看起来可能令人生畏——但不必担心。是的，你可以通过研究来识别特定的黑客组织，了解他们的作案手法，让你和你的团队相信厄运将会降临到你的资产身上。MITER ATT & CK 框架（*https://attack.mitre.org/*）使该研究项目变得更加容易。

但在你走得更远之前，考虑一下威胁，比如什么人可能用什么攻击方式来做什么事情。从某种意义上说，你可能会把它想象成梦境领域（*https://oreil.ly/hN2tW*）的高科技版本，因为仅仅有一个缺陷并不能预示着将被利用。但是你几乎可以确定攻击者将从什么地方利用你的系统，你也可以确定攻击者可能具有的资格、动机和兴趣级别，以及这如何转化为对你的系统的潜在影响。

在第 3 章中，你将了解关于威胁建模方法的更多详细信息。这些方法论将这些内容形式化为策略、技术和过程（TTP）。

2.4 小结

在本章中，你学习了威胁建模的通用流程，了解了如何从创建系统模型所收集的信息中查找数据。最后，你了解了从威胁建模中可以确定什么、不能确定什么，以及威胁信息的来源。

在下一章中，你将了解常用的特定威胁建模方法、每种方法的优缺点，以及如何根据需要选择一种特定的方法。

第 3 章

威胁建模方法论

所以既然所有的模型都是错误的，那么知道哪些模型可能会产生在实践中有效的程序是非常重要的（确切的假设永远不会成立）。

——G. E. P. Box 和 A.Luceño，*Statistical Control: By Monitoring and Feedback Adjustment*（John Wiley and Sons 出版社）

本章介绍一些威胁建模方法。我们将讨论这些方法的优缺点并提供一些个人建议，以便你确定适合自己的方法。

3.1 在我们深入之前

从一开始就明确"没有最好的方法"这一点很重要。一种特定的方法可以在某些组织和团队中成功运行，或者可以满足特定的技术或合规性要求，而在其他组织和团队中则将完全失败。原因很多：团队的组织文化、威胁模型练习所涉及的人员，以及项目当前状态（随时间而变化）对团队造成的约束等。

例如，一个团队开始时没有面向安全的目标，然后演变为任命一名代表整个团队安全利益的安全卫士，最后实现每个开发者、架构师和测试人员都拥有足够的安全知识来单独对产品的整体安全负责的状态[注1]。在这三个阶段的每个阶段，团队都面临一系列不同的问题，这些问题对威胁建模方法的选择会产生不同的影响：

注1：　根据经验，这种最终状态是使威胁建模成为任何人都可以学习和应用的可掌握学科的必要最终目标。

第 1 阶段，没有既定的安全目标（知识不足）

团队应该选择一种能提供教育价值并专注于容易实现的目标的方法论。这样，团队就可以将安全基础知识纳入其例行程序和初始决策中，并获得安全知识，从而使其成为整体开发方法的内在组成部分。

第 2 阶段，任命安全负责人

如果一个团队使用更结构化的威胁建模方法，该团队可能会更成功，该方法需要经验丰富的安全从业人员来指导团队，以实现更细化和面向行动的结果。

第 3 阶段，所有人平等地享有产品安全

团队可以采用一种更面向文档的方法：识别出的风险会立即得到缓解并记录为"我们认为这件坏事可能会发生，所以采取了以下措施"。或者，组织可能会提出一种可以在各个产品团队中使用的手工方法，并且可以根据组织的需求进行微调。

无论你和你的团队现在处于哪个阶段，你都需要一种威胁建模方法来帮助你将当前的安全状态提高到一个新的水平。 你的方法应该与当前使用的开发方法兼容，并且还应该考虑到你可能拥有或可以获取的资源。

著名的威胁建模专家亚当·肖斯塔克（Adam Shostack）曾表示："好的威胁模型是产生有效发现的模型。"注2 好的威胁模型与坏的威胁模型之间的区别在于：好的模型会产出有效的发现。什么是有效的发现？它是关于系统安全状态的结论、观察或推论。该发现是及时且相关的，可以转化为行动，使你能够缓解可能的漏洞、记录一条特定于系统的知识，或验证系统的潜在敏感方面是否已评估并确认"可以正常使用"。

Shostack 对确定威胁模型有极大帮助的另一个基本贡献是 4 个问题的框架。以下 4 个问题中，"我们"是指执行威胁模型的团队或组织：

我们正在做什么？

了解系统当前的状态以及系统的发展方向。

注 2： *释义：我们（包括 Adam！）不记得确切是在哪里第一次说到的，但是因为它是真的，所以需要重复。*

可能出了什么问题？

在理解了系统的组成和目标之后，通过更改其机密性、完整性、可用性、隐私性以及系统定义的其他任何与安全相关的属性来提出可能干扰其目的的事情。

我们要怎么做？

我们可以采取哪些缓解措施来减少由上一个问题确定的责任？我们是否可以更改设计、添加新的安全管理措施，或者完全删除系统中较脆弱的部分？我们是否应该接受系统将在何处以及如何运行的上下文中的风险，并将其计入商业成本？

我们做得好吗？

理解这一点并不是威胁建模本身的一个方面，但是对于实践的整体成功而言仍然很重要。回顾并了解威胁建模工作如何很好地反映了系统的安全状态，这一点很重要：我们是否确定了"可能出了什么问题"并且就"我们做了什么"做出了正确的决定（又是否有效地缓解了威胁）？通过闭环并了解威胁建模的性能，我们能够衡量如何应用该方法，确定是否需要改进方法以及将来应该关注哪些细节。

这 4 个问题应该足以帮助你确定威胁建模工作是否会成功。如果你选择的方法论及其使用方式不能帮助你回答这些问题，那么最好考虑使用另一种方法论。

那么，如何找到适合你的方法呢？不要犹豫，选择一种方法并尝试。如果不起作用，请尝试其他方法，直到找到适合你的方法或可以满足你的需求的方法。

请注意，组织文化和个人的跨文化差异在威胁建模过程中很重要。正如我们前面所说的，一个团队的工作可能出于各种原因而无法开展，因此你应该考虑到这一点，尤其是在跨国企业中。对某些人而言，问"可能出了什么问题"会比其他人更容易接受，这可能是使用更自由形式的方法还是使用基于威胁目录和长项目清单的方法的决定因素之一。安全专家（请参阅以下说明）的可用性可以缓解这些问题，因为安全专家可以显著减少"可能出了什么问题"范式中的许多可能性所造成的不确定性。

当我们说安全专家时，指的是那些经过必要的培训和具有经验，可以在需要时提供知识、指导和支持的人员。安全专家的能力范围取决于上下文，可能包括扮演敌人的角色、确定团队自己跟踪和学习的其他研究领域，或呼吁其他专家为特定问题提供专业知识。在进行威胁建模时，专家应该具有丰富的经验和知识来演示可信的威胁。

询问两位威胁建模专家他们更喜欢哪种方法，你大概会得到三个不同的答案。一旦掌握了一些威胁模型，尤其是你在同一技术领域深耕了足够长的时间，就将开始了解事情发生（或不发生）的位置以及事情应该（或不应该）如何，并能够将"气味测试"方法应用于威胁建模。尽管安全专家、安全架构师等都充分理解该流程的重要性，但可以有效执行威胁建模的人仍然很少。没有多少组织能接触到这些可以为每种威胁模型提供专业指导的专家[注3]。

威胁建模方法的另一个重要问题是，有人将威胁建模这个术语应用到了更多的领域。例如，很多时候，只执行威胁引发的方法与完整的威胁建模方法混淆了。有时，风险分类方法也被归入威胁识别类别。只专注于威胁识别的方法将建立一个可能的威胁目录，并止步于此。完整的威胁建模方法将对这些威胁进行排序，了解哪些威胁与当前系统相关，并给出应该首先解决哪些威胁的路线图。换句话说，威胁识别方法加上风险分类方法等于完整的威胁建模方法。我们试图牢记这一点，并从实际工作的角度介绍这些方法，即使存在正式的定义差异，也以实践者普遍采用的方式进行介绍。

3.2 三种主要方法

你可以通过多种方式将系统转换为具有代表性的模型，然后根据你感兴趣的视图将系统分解为多个部分。在威胁建模中，已经确定了三种主要方法，可以帮助你清楚地突出显示系统中可能存在的威胁。它们主要通过问一个简单的问题来做到这一点："可能出了什么问题？"

以系统为中心的方法

以系统为中心的方法是威胁建模中最普遍的方法，尤其是在手动执行活动时。本书中大量使用了该方法，因为该方法最容易演示。该方法将系统及其分解视为软件组件和硬件组件以及这些组件之间的交互方式的一个功

注3： 这是决定方法论时应考虑的另一个原因！

能集，还考虑了与系统及其组件交互的外部行为者和元素。该方法通常用 DFD 图表示，这些 DFD 图显示数据在系统运行过程中如何通过系统（并使用我们在第 1 章中强调的建模约定）。这种方法通常也称为以架构为中心的方法或以设计为中心的方法。

以攻击者为中心的方法

在这种方法中，建模者（你）以攻击者的视角确定系统中的漏洞如何使攻击者能够采取行动（"国家行为者要提取机密信息"）以实现其目标（"国家行为者读取存储在系统中的机密报告"）。这种方法通常使用攻击树（见第 1 章）、威胁目录和列表，基于攻击者可用的动机和资源来识别系统中的入口点。

以资产为中心的方法

顾名思义，以资产为中心的方法关注重要资产。在映射和列出所有涉及的资产后，每个资产都要在攻击者可访问的上下文中进行检查（例如，读取或使用资产），以了解相关威胁，以及它们如何影响整个系统。

我们在本章中阐述的每种方法论都包含这些方法中的一种或多种。

3.3 方法论

为了方便读者理解这些方法，我们将对每种方法都采用一种不科学的度量方法。我们并不是要比较这些方法，只是想帮助你理解这些方法在我们的推荐类别中是如何发挥作用的。这些值反映了我们的个人经验和对每种方法的理解，而不是任何类型的调查或数据收集的结果。我们将使用 0～5（分数越高，表现越好）沿着以下属性进行度量。

可访问性

开发团队可以在没有安全专家的情况下独立使用这种方法吗？他们能正确使用这种方法吗？如果他们遇到困难，是否有可以参考的资源？例如，与开放式的并且希望团队了解所有关于攻击向量和技术的方法相比，基于威胁库的方法可能更容易访问。

可扩展性

同样的方法可以应用于同一组织中的许多团队和产品吗？在此上下文中，

可扩展性是吞吐量的一个功能——能够使用此方法的团队成员（无论是安全人员还是其他人员）越多，可以分析的系统模型就越多。当只有安全专家才能使用该方法时，可扩展性就会受到影响，因为它将吞吐量降至最低，并造成依赖专家的瓶颈。这也导致了安全技术债务的增加。如果一个组织因流程繁重并且未能实施威胁模型而导致项目被搁置，那么你可能会"错失"让威胁建模成为系统开发生命周期一部分的良机。

可教育性

它是否专注于教学而不是强制纠正感知到的违规行为（审计）？威胁建模练习能否提升团队整体的安全性理解和文化？

可用性

这些发现对系统和安全团队都有用并适用吗？该方法是否反映了对建模系统实际有意义的东西？换句话说，方法论是否与威胁建模过程的意图相匹配？在这个上下文中，意义和意图是主观的，取决于具体情况：

- 你能从威胁建模练习的结果中获得价值吗——在相关发现方面，或者将多个利益相关者（例如，安全、隐私和工程）聚集在一起？你能通过你的 DevOps 管道来管理它吗？
- 该方法论是否有助于更容易、更清晰地描述系统？
- 该方法论是否有助于团队识别缺陷和威胁？
- 该方法论能产生良好的报告并帮助团队管理问题吗？

敏捷性

该方法论是否会降低产品团队的开发速度？它是否使威胁模型成为一种资源消耗（与它产生的收益相比）？它是否切实地有助于产品的持续安全开发？该方法论是否允许在威胁建模期间进行更改？

代表性

系统的抽象与系统的实现相比有多好？结果是否真实地反映了所实现的系统？

无约束性

一旦评估了"已知嫌疑人"，该方法论是否支持进一步探索或识别其他可能的缺陷？

我们将为每种方法的每个类别的评分提供简短的解释。同样，这不是科学研究的结果（尽管在可能的情况下，参考和引用了学术研究）。这是我们的经验和理解的结果，欢迎大家讨论（你可以在 *https://www.threatmodeling.dev* 上讨论）。

 这绝不是所有现有方法的目录，但我们试图在解决问题的方法中做到无所不包。我们也想展示跨越不同行业的方法论，包括软件开发、政府收购、企业风险管理、学术界和其他需要评估和最小化系统风险的来源。有些方法是当前的，有些则快过时了，但每一种都表达了威胁建模科学的重要方面[注4]。我们试图在选择较受欢迎的方法时具有代表性和全面性，这些方法都已经被广泛应用，并且在它们提出的目标中被普遍认为是有效的。

我们没有深入地探索每种方法，但对每种方法的描述足以让你了解其要点。我们还提供了参考资料，以便你研究我们所讨论的任何方法。请适当质疑我们的解释，并对我们在这里讨论的方法建立你自己的观点。

3.3.1 STRIDE 方法

可以肯定地说，STRIDE 在威胁建模方法和工具的殿堂中拥有独特的地位，尽管它本身更像是一种威胁分析和分类方法，而不是威胁建模本身。在过去的几年里，将 STRIDE 作为框架而不是完整的方法已经变得很常见[注5]。

STRIDE 于 1999 年在微软正式创立，第一次公开提到 STRIDE 的是 Loren Kohnfelder 和 Praerit Garg 的一篇论文"The Threats To Our Products"[注6]：

所有 [微软] 的产品都应该使用 STRIDE 安全威胁模型来识别产品在设计阶段容易受到的各种类型的威胁。威胁是根据产品的设计来识别的。

以下就是 STRIDE 的含义。

注4：　你可以看到由 CMU 软件工程研究所的 Natalya Shevchenco 在 *https://oreil.ly/j9orI* 上写的一个不同列表，里面比较了 12 种现有的方法。

注5：　Adam Shostack，"The Threats to Our Products"，微软，*https://oreil.ly/n_GBD*。

注6：　Loren Kohnfelder 和 Praerit Garg，"The Threats To Our Products"，1999 年 4 月（.docx 文件），*https://oreil.ly/w6YKi*。

S：欺骗（*Spoofing*）

欺骗威胁意味着攻击者可以模拟系统元素的身份，这些元素可以是另一个用户、另一个系统或另一个进程。欺骗还假定元素在系统中的特权。

T：篡改（*Tampering*）

篡改威胁通过（任意、有意或无意地）对系统操作的数据或功能进行更改，直接影响完整性属性。

R：否认（*Repudiation*）

赋予系统的信任的另一个方面是，它能够完全自信地断言：某个操作是由声明执行该操作的参与者以声明的方式和时间执行的。与篡改不同，此类威胁使攻击者能够否定某些操作已发生或由相关行为者发起。

I：信息泄露（*Information Disclosure*）

这类威胁是指那些导致被限制和控制的信息泄露到指定的信任边界之外的威胁，会对系统的机密性产生威胁。

D：拒绝服务（*Denial of service*）

这些威胁违反了系统的可用性，包括使系统不可用或使系统的性能降低到影响其使用的程度。

E：权限提升（*Elevation of privilege*）

这些威胁属于系统本身的一类，涉及系统的授权机制以及攻击者获得比通常授予的更高级别的特权（可能没有）。

粗略阅读列出的类别，很容易看到，虽然它们很好地涵盖了系统可能面临的威胁类型，但它们缺乏足够的定义，无法完美地将所有可能的威胁纳入特定领域。这就是 STRIDE 的不足之处。事实上，如果我们退后一步并批判性地审视，会发现，只要确定并提出了特定威胁，将其归类到完美标记的类别中就不那么重要了——但另一方面，这种模糊性会严重影响我们正式评估与该威胁相关的风险的方式。

STRIDE 另一个更紧迫的问题是，为了充分发挥它的作用，产品团队或从业者需要了解什么才是真正的威胁，以及该威胁如何被利用而成为漏洞。例如，如果开发者不知道可以利用特权进程中的缓冲区溢出运行任意代码，那么将"内存损坏"归类为威胁之一是很困难的：

1. 通过运行任意代码来提升权限，属于权限提升。

2. 如果攻击者能够更改任意保存数据的内存地址，则属于篡改。

3. 如果内存损坏"仅仅"导致崩溃而不是代码执行，则属于拒绝服务。

作为开发团队的一员，在进行威胁分类时，你被要求"像黑客一样思考"，但你可能缺乏必要的知识，或者虽然接受过培训，但是在安全问题上很难跳出固有的思维模式。这使得你很难将示例推断为与你自己的系统相关的实际问题。不幸的是，STRIDE 没有提供指导框架。

STRIDE 从系统的表示开始，可以帮助你检查其特征。表示系统的最常见方法是创建一个 DFD，它包含系统的各个部分（元素）及其相互通信（数据流），信任边界将具有不同信任值的系统区域分开，如图 3-1 和图 3-2 所示。

在图 3-1 中有三个信任边界，由围绕 Alice、Bob 和密钥存储库的框表示。这种表示是 pytm（见第 4 章）工件。信任边界通常用跨越它们的数据流的单线表示。信任边界将这个系统有效地划分为三个信任域：用户 Alice、用户 Bob，以及需要访问另一个级别信任的密钥存储库。

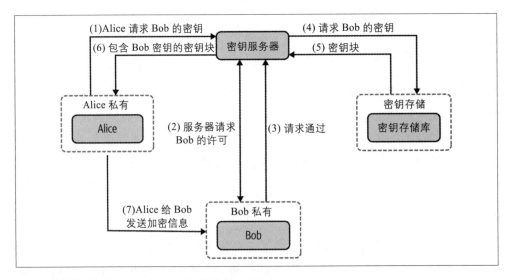

图 3-1：简单系统的 DFD 表示：基础的消息加密

由于威胁识别取决于 DFD 的完整性，因此创建一个简单且尽量完整的 DFD 很重要。 正如你在第 1 章中看到的，简单的正方形符号表示外部元素，圆圈表示进程（复杂进程用双圆圈表示），数据存储的双线和表示数据流的箭头线足以表达大部分内容。这并不排除使用其他符号使图表更具代表性。事实上，在 pytm 中，我们扩展了符号系统以包含专用的 lambda 符号，从而增加了图表的清晰度。数据流使用的协议类型或一组给定进程的底层操作系统等注释有助于进一步阐明系统的各个方面。不幸的是，它们也会使图表过于拥挤且难以理解，因此平衡很重要。

将 STRIDE 扩展到完整的威胁建模方法论中，即创建威胁分类（根据首字母缩略词），对所有已识别威胁的风险进行排序（有关严重性和风险等级的信息，请参阅第 0 章），然后提出缓解建议，消除或降低每种威胁的风险（见图 3-2）。

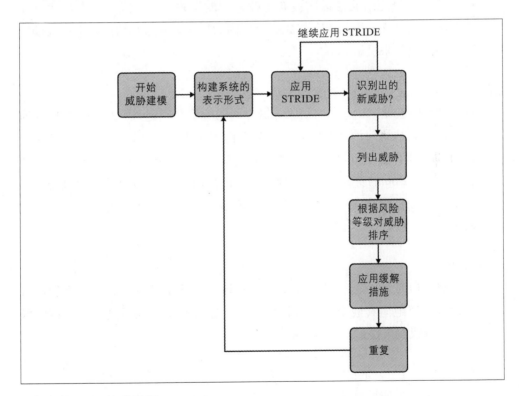

图 3-2：STRIDE 工作流程

例如，使用图 3-1 中的 DFD 来表示论坛中的 Web 评论系统，我们可以（在一定假设下）识别出一些基本的威胁。

欺骗

用户 Alice 在提交请求时可以被欺骗，因为在提交请求时没有迹象表明用户已通过系统认证。这可以通过创建适当的用户身份验证方案来缓解。

篡改

密钥服务器和密钥存储库之间可能发生篡改。攻击者可以通过模拟其中一个端点（这可能需要进一步模拟或捕获敏感信息）来拦截通信并更改正在处理的密钥块的值。可以通过在 TLS 上建立相互验证的通信来缓解这种情况。

否认

攻击者可以直接访问密钥存储库数据库并添加密钥或更改密钥。攻击者还可以将密钥分配给无法证明没有更改密钥的用户。这可以通过在创建时在单独的系统（该系统无法以与数据库相同的信任级别进行访问）上记录操作和密钥的散列来缓解。

信息泄露

攻击者可以观察 Alice 和密钥服务器之间的流量并确定 Alice 正在与 Bob 通信。即使无法访问消息的内容（因为它们不遍历此系统），了解两方何时进行通信也具有潜在价值。一个可能的缓解措施是在系统使用的标识符中屏蔽 Alice 和 Bob 的身份，这样它们将具有短暂的意义，并且在信息被观察到的情况下无法导出——当然，还可以通过 TLS 或 IPsec 对通信信道进行加密来缓解。

拒绝服务

攻击者可以创建一个自动化脚本，同时提交数千个随机请求，使密钥服务器超载，拒绝向其他合法用户提供适当的服务。这可以通过会话和网络级别的流量限制来缓解。

权限提升

攻击者可能会使用数据库中类似 exec() 的功能在数据库的特权级别（可能高于普通用户）下执行服务器中的命令。这可以通过以下方式来缓解：强化数据库并减少它在运行时拥有的权限，以及验证所有输入并使用准备好的语句和对象关系映射（ORM）访问模式以防止 SQL 注入问题。

Brook S.E. Schoenfield 强调了 STRIDE 的强项：一种技术可以用于一个系统中的多个元素。在执行 STRIDE 时，需要强调的是，仅仅因为确定了一个问题（例如，欺骗的实例），并不意味着同一问题不会通过相同的攻击向量或另一个攻击向量出现在系统的其他部分。如果不这样想，那将是一个严重的错误。

在我们的（非学术的）分级参数下，STRIDE 的表现如何？见表 3-1。

表 3-1：STRIDE 及分级参数

参数	分数	说明
可访问性	2	一旦提供了该框架，许多团队便可以根据其先前对安全原理的了解而执行该框架
可扩展性	3	虽然同一组织中的许多产品和团队都可以使用该框架，但其使用效果因团队而异
可教育性	3	该框架为你和你的团队提供了许多开展安全教育的机会，但前提是有安全从业人员可以提供帮助。与开始时相比，团队可能最终会掌握更多的安全知识
可用性	4	根据其类别的定义，STRIDE 最适合在软件系统上工作。从这个意义上说，团队将获得适用于其系统的有用结果，并专注于团队当时认为的相关威胁
敏捷性	2	当许多团队成员可以使用相同的一组假设同时参与时，STRIDE 的执行效果最佳。这也有助于让安全从业人员在场指导对话，同时将注意力集中在整个系统上。从这个意义上说，STRIDE 不太适合敏捷流程，并且被一些组织视为资源消耗很大
代表性	2	当系统的真实表示可用时，该框架就会"触发"，但是正如我们在敏捷性中所讨论的那样，在开发过程中，它确实存在问题。可能需要与最初的威胁模型不同的工作来确保最终的威胁模型正确地对应于系统在开发过程中经历的更改
无约束性	5	通过处理影响，框架对威胁的来源以及必须使用哪些系统视图进行探索没有任何限制。你可以毫无偏见地自由探索系统，并根据自己的经验和研究产生威胁。从这个意义上说，STRIDE 是不受限制的

3.3.2 STRIDE-per-Element 方法

STRIDE 的优点之一是不受限制（无约束性）。不过，这也是它的主要缺点之一，尤其是当没有经验的团队或从业人员使用时，很容易陷入"我已经考虑了一切"和"什么可能会出错"的可能性，而达不到公认的"完成"状态。

STRIDE-per-Element 方法是 STRIDE 的一种变体，它由 Michael Howard 和 Shawn Hernan 开发，通过观察某些元素比其他元素更容易受到特定威胁的影响，增加了结构以解决缺乏约束的问题。例如，考虑为系统提供不同服务集的外部实体（如用户、管理员或外部系统）。这个外部实体比数据流更容易被欺骗（如攻击者获取他们的身份）。事实上，外部实体通常会受到完全不同的安全措施集的影响，甚至可能具有更高的安全态势。另一方面，数据流比外部实体更容易受到上下文篡改攻击。

如图 3-3 所示，STRIDE-per-Element 方法限制了针对特定元素类别的攻击集，并着重分析可能的威胁。这样，它的开放性大大低于原始的 STRIDE。

不同的威胁会影响每种类型的元素						
元素	S	T	R	I	D	E
外部实体	✖		✖			✖
进程	✖	✖	✖	✖	✖	✖
数据存储		✖	✖	✖	✖	
数据流		✖		✖	✖	

图 3-3：STRIDE-per-Element 方法图表（来源：*https://oreil.ly/3uZH2*）

在与 Brook S.E. Schoenfield 的相关讨论中，他基于自己的经验指出，STRIDE-per-Element 方法具有另一个缺点：威胁模型不是可加的。你不能只将两个或多个威胁模型融合在一起，并认为它是整个系统的威胁模型。从这个意义上说，STRIDE-per-Element 方法可以带来很多好处，但是即使在系统被完整表示的情况下，也可能导致在分析过程中忽略对系统的整体方法。

STRIDE-per-Element 方法可以使你的团队将重点放在单个元素上，而不是整个系统上。小组中的一小部分成员可以只专注于成员发展过程中的要素，并召开针对这些威胁的"微型威胁建模"会议。因此，可扩展性、敏捷性和代表性等的分数也上升，分别变为 4、3 和 3，参见表 3-2。

表 3-2：STRIDE-per-Element 方法

参数	分数	说明
可访问性	2	一旦提供了该框架，许多团队便可以根据其先前对安全原理的了解而执行该框架

表 3-2：STRIDE-per-Element 方法（续）

参数	分数	说明
可扩展性	4	尽管同一组织中的许多团队和产品都可以使用该框架，但其使用效果因团队而异
可教育性	3	该框架提供了大量安全教育，但要求安全从业人员可以通过威胁分类来帮助团队。与开始时相比，团队更有可能最终掌握更多的安全知识
可用性	4	根据其类别的定义，STRIDE-per-Element 在软件系统上表现最佳。从这种意义上讲，团队将获得有用的结果，并专注于团队确定的当前威胁和相关威胁上
敏捷性	3	STRIDE-per-Element 方法比 STRIDE 方法高出 1 分，因为它专注于元素的特定特征，从而使团队更有效，可以覆盖更多的领域
代表性	3	出于与敏捷性相同的原因，STRIDE-per-Element 方法比 STRIDE 方法高出 1 分。专注于特定元素可以更准确地表示当前形式的系统
无约束性	3	STRIDE-per-Element 会将 STRIDE 的无约束性的分数修改为 3，因为它在某种程度上绑定了每个元素所受的约束，从而为你提供了较少的关注点

3.3.3 STRIDE-per-Interaction 方法

当 Microsoft 公开其 Microsoft Threat Modeling Tool 时，它基于 STRIDE 的一种变体，即 STRIDE-per-Interaction 方法。该方法是由 Microsoft 的 Larry Osterman 和 Douglas MacIver 开发的，它试图根据模型中两个元素之间的交互行为来识别威胁。

例如，在此框架中，外部进程（也许是客户端调用服务器）具有"将数据发送到服务器"的交互行为。在这种情况下，"客户端将数据发送到服务器"这一交互行为可能会受到欺骗、否认和信息泄露的威胁，但不会受到特权提升的影响。另一方面，服务器可以从进程中获取输入，此时，"客户端从服务器接收数据"仅受到欺骗的威胁。例如，该服务器可能是假冒者，声称是真正的服务器，这通常称为中间人攻击。

每个交互中包含所有可能的威胁类别的图表是广泛的，超出了我们在这里的需求范围。完整的参考资料请参阅 Adam Shostack 撰写的 *Threat Modeling: Designing for Security*（Wiley 出版社）的第 81 页。

STRIDE-per-Interaction 比较结果等同于 STRIDE-per-Element 的结果。

3.3.4 PASTA 方法

VerSprite Security 公司的 Tony UcedaVélez 和 CitiGroup 公司的 Marco Morana 博士于 2012 年共同提出了 PASTA (*Process for Attack Simulation and Threat Analysis*) 方法，它是"以风险为中心的威胁建模方法，旨在针对应用程序或系统环境识别可行的威胁模式[注7]。对这种方法的真正深入探讨超出了本书的范围，感兴趣的读者可以参考 UcedaVélez 和 Morana 的 *Risk Centric Threat Modeling: Process for Attack Simulation and Threat Analysis* 一书（Wiley），以获取更多详细信息。

PASTA 是一种以风险为中心的方法。它量化可能影响业务或系统的风险——从上下文引用开始，即应用程序及其组件、底层基础设施和数据对业务的内在重要性（阶段 1、2 和 7，参见后面的阶段定义）。阶段 3～6 更适合于寻求了解设计、用例、权限、隐式信任模型和调用流中的固有缺陷的架构、开发团队和应用程序安全专业人员。

PASTA 重新解释了我们到目前为止使用的一些术语，如表 3-3 所示。

表 3-3: PASTA 术语

术语	在 PASTA 中的含义
资产	对企业具有内在价值的资源。可能包括： – 企业使用、交易或需要的信息 – 企业依赖于某个主题应用程序的硬件、软件、框架和库 – 企业的声誉
威胁	任何会对资产产生不利影响的因素
缺陷 / 漏洞	攻击（支持威胁）利用什么手段进入系统，无论是有形的问题（如配置错误的防火墙、云组件、第三方框架或 RBAC 模型）还是糟糕的业务逻辑或流程（缺乏对支出费用的财务监督）
用例	系统的预期设计行为
滥用案例	操纵用例以使用户别有用心（例如，旁路、注入、信息泄露等）
行为者	任何能够执行或使用用例或滥用案例的用户
攻击	通过利用漏洞 / 缺陷来支持针对目标资产的威胁动机的任何行动
攻击向量	攻击通过的接口
对策	缺陷的缓解可减少攻击成功的可能性
攻击面	所有可能的攻击向量的集合，包括逻辑的和物理的

注 7：   Tony UcedaVélez, "Risk-Centric Application Threat Models", VerSprite, 于 2020 年 10 月发布, *https:// oreil.ly/w9-Lh*。

表 3-3：PASTA 术语（续）

术语	在 PASTA 中的含义
攻击树	表示威胁、目标资产、相关漏洞、相关攻击模式和对策之间的关系。用例可以作为与资产相关的元数据，滥用案例同样可以作为攻击模式的元数据
影响	攻击造成的直接或间接经济损失

PASTA 通过实施一个七阶段流程来使用这些"成分"（双关语），量化对应用程序和企业的影响：

1. 定义业务目标。

2. 定义技术范围。

3. 分解应用程序。

4. 执行威胁分析。

5. 检测漏洞。

6. 枚举攻击。

7. 执行风险和影响分析。

让我们简要看一下这些步骤，看看它们如何将定义构建到流程中。请注意，这些绝不是对该流程、其工件及其使用的详尽解释。在本说明的最后，你将对 PASTA 有基本的了解。

定义业务目标

定义业务目标阶段的重点是为威胁建模活动设置风险上下文，因为理解应用程序或系统支持的业务目标可以更好地理解威胁影响的风险变量。当你定义业务目标时，可以捕获分析和管理范围内风险的要求。安全要求、安全策略、合规标准和指南等正式文档可以帮助你将这些操作划分为如下子活动：

1. 定义业务需求。

2. 定义安全性要求和合规性要求。

3. 执行初步的业务影响分析（Business Impact Analysis，BIA）。

4. 定义风险概况。

除其他事项外，此项工作的输出是业务影响分析报告（BIAR），该报告是对应用程序功能以及业务目标列表的描述，受所列出的子活动中定义的要求约束。

例如，如果在此项工作期间确定了创建用户社区的业务目标，那么使用他们的个人数据注册客户将是一项功能要求，并且将围绕存储 PII（个人身份信息）的安全要求写进 BIAR 报告。

考虑到参与者对业务流程、应用需求和业务风险态势的了解，需要产品负责人、项目经理、业务负责人，甚至 C 级高管参与活动。

可以肯定地说，在该阶段，重点是为其余活动建立基于治理、风险和合规性 (GRC) 的缘由，其中包括安全策略和标准、安全指南等。

定义技术范围

定义技术范围阶段的正式定义是"定义将要进行威胁枚举的技术资产／组件的范围"。[注8] 高级设计文档、网络和部署图以及技术需求（库、平台等）用于执行以下子活动：

1. 枚举软件组件。

2. 识别行为者和数据源：数据在哪里创建和接收，数据存放在哪里。

3. 枚举系统级服务。

4. 枚举第三方基础设施。

5. 声明安全技术设计的完整性。

该分析将生成系统中涉及的所有资产、它们的部署模式以及它们之间依赖关系的列表，并且将允许对系统进行高层级的端到端概述。

例如，在一个简单的 Web 应用程序中，它写入了云提供商中托管的数据库，我们在此阶段获得的分析可能很简单，如下所示：

- 浏览器：所有。

- Web 服务器：Apache 2.2。

注 8： Tony UcedaVélez，"Real World Threat Modeling Using the PASTA Methodology"，*https://oreil.ly/_VY6n*，第 24 页。

- 数据库：MariaDB 10.4。

- 作用域：用户（通过浏览器）、管理员（通过浏览器、控制台）。

- 数据源：用户（通过浏览器）、导入（通过控制台）。

- 数据接收器：数据库、日志接收器（通过云提供商）。

- 使用的协议：HTTP、HTTPS 和 TLS 上的 SQL。

- 系统级服务：使用 CIS Benchmarks 进行加固的 Fedora 30 在云提供商上作为映像运行。

- 此时，系统被认为已足够安全。

分解应用程序

在应用程序分解期间，你必须识别并枚举所有正在使用的平台和技术以及它们所需的服务，直至物理安全和管理这些平台的过程。以下是子活动：

1. 枚举所有应用程序用例。
2. 为识别的组件构建数据流图[注9]。
3. 执行安全功能分析，并在系统中使用信任边界。

在此阶段，PASTA 考虑滥用案例可能会转变为许多不同的攻击。请注意，我们之前讨论的 DFD 在此阶段也起着核心作用，它通过不同组件之间的数据流以及它们如何跨越信任边界来映射不同组件之间的关系。

这些 DFD 将前一阶段（"定义技术范围"）中列出的项目结合在一起，形成系统的整体表示。行为者、技术组件以及系统中的所有元素开始表达一种安全态势，可以对滥用案例进行测试。通过在流程中首次设置信任边界，数据流开始表达它们如何容易受到滥用，或者某些滥用情况如何不适用于系统。

除了数据流之外，分解还涉及系统的最小细节，其方式常常与"定义技术范围"混淆。例如，可能期望某个系统在某个品牌的基于 Intel 的服务器上运行。这可能导致许多子系统的意外存在，这些子系统可能尚未在技术范围阶段进行全面评估。例如，主板管理控制器（BMC）在技术范围阶段可能会被忽略，但是在

注9：　回想一下，我们在第 1 章对 DFD 的描述中提到了元素，这些元素可以包括系统组件。

应用程序分解时将显示出来（例如，列出主板的所有子系统时），并且必须进行相应的评估。

执行威胁分析

用其创建者的话来说，"PASTA 与其他应用程序威胁模型不同，因为它试图关注环境技术足迹以及行业细分和应用程序环境管理的数据所固有的最可行的威胁。"[注10]PASTA 的威胁分析阶段通过提供识别那些可行威胁的必要背景来支持这一主张。它通过使用所有可用的知识资源来构建与正在建模的系统相关的攻击树和威胁库来实现此目的：

1. 分析整体威胁情况。

2. 从内部来源收集威胁情报。

3. 从外部来源收集威胁情报。

4. 更新威胁库。

5. 将威胁代理映射到资产映射。

6. 给已识别的威胁确定对应概率。

此阶段的价值来自识别那些实际适用于该系统并与之相关的威胁，它们更喜欢威胁识别的质量而不是结果的数量。

检测漏洞

在漏洞检测阶段，你将重点放在识别应用程序中存在风险或容易受到攻击的区域。通过从先前阶段收集的信息，你应该能够通过将信息映射到较早建立的攻击树或库中来找到有形和相关的威胁。此阶段的主要目标之一是限制（或消除）系统识别的虚假威胁的数量：

1. 查看并关联现有的漏洞数据。

2. 识别架构中的缺陷设计模式。

3. 将威胁映射到漏洞。

注 10： *Risk Centric Threat Modeling: Process for Attack Simulation and Threat Analysis*，Tony Uceda Vélez，Marco M. Morana，第 7 章。

4. 根据威胁和漏洞提供上下文风险分析。

5. 进行有针对性的漏洞测试。

最后，你应该查看系统安全性的架构，查找那些问题，例如，丢失的或稀疏的日志记录、静态或传输中不受保护的数据以及身份验证和授权失败。检查信任边界以验证访问控制已正确设置并且信息分类级别未受到破坏。

枚举攻击

在攻击枚举阶段，你根据其转化为攻击的概率来分析之前识别的漏洞。为此，你使用概率计算，其中涉及威胁（请记住，在 PASTA 中，威胁是任何可能对资产产生不利影响的事物）和缺陷（这是实现威胁的有形事实或事件）共存并产生影响的概率，并通过适当的对策进行缓解。

以下是执行攻击枚举分析的步骤：

1. 通过使用威胁情报源中的最新条目 [例如，美国计算机应急响应组织（USCERT）和 CVE 漏洞库] 来更新攻击库、攻击向量和控制框架，以跟上最新识别的攻击向量。

2. 识别系统的攻击面，并枚举与先前分析相匹配的攻击向量。

3. 通过将它们与威胁库相关联，在前面的步骤中分析已识别的攻击场景，并通过交叉检查与攻击场景匹配的攻击树中的路径来验证哪些攻击场景可行。

4. 评估每种可行攻击方案的可能性及其影响。

5. 推导一组案例以测试现有对策。

在这里，使用先前构建的攻击树和库非常重要，尤其是在识别攻击树和库如何克服现有资产和控制以产生可能的影响的过程中。归根结底，你希望通过度量并了解每个已识别漏洞的攻击可能性来完成此阶段的工作。

执行风险和影响分析

在风险和影响分析阶段，你可以降低已确定为最有可能导致攻击的威胁。你可以通过应用有效且与你的系统相关的对策来做到这一点。但是在这种情况下有效和相关的含义是什么？该决定是通过计算以下内容得出的：

1. 确定每种威胁被实现的风险。

2. 识别对策。

3. 计算残留风险：对策是否在降低威胁风险方面做得足够好？

4. 推荐一种管理剩余风险的策略。

你不应该自行确定风险。例如，你可以希望聘请风险评估和治理专家，具体取决于威胁的可能影响。你和你的团队将检查在先前阶段（攻击树和库、攻击概率等）中生成的工件，以针对每种威胁提供适当的风险概况，并计算对策的即时性和对策应用后的剩余风险。知道了这些风险，就可以计算应用程序的整体风险概况，并且你和你的团队可以为管理该风险提供战略指导。

如果我们查阅 PASTA 的 RACI（Responsible/Accountable/Consulted/Informed，负责 / 批准 / 咨询 / 知情）图[注11]，就可以看到流程固有的复杂性——至少在涉及的人员 / 角色以及其中的信息流方面尤为明显。

作为示例，让我们看一下"分解应用程序"阶段及其三个活动：

- 枚举所有应用程序用例（登录、账户更新、删除用户等）。
  - 负责：威胁建模者（PASTA 定义的特定角色）。
  - 批准：开发、威胁建模者。
  - 咨询（双向）：架构师、系统管理员。
  - 知情（单向）：管理层、项目经理、业务分析师、质量保证、安全运营、漏洞评估、渗透测试人员、风险评估人员、合规官。
- 构建已识别组件的数据流程图。
  - 负责：威胁建模者。
  - 批准：架构师、威胁建模者。
  - 咨询（双向）：开发、系统管理员。
  - 知情（单向）：管理层、项目经理、业务分析师、质量保证、安全运营、漏洞评估、渗透测试人员、风险评估人员、合规官。

注 11： Uceda Vélez, Morana, *Risk Centric Threat Modeling*，第 6 章，图 6.8。

- 执行安全功能分析并使用信任边界。

  - 负责：无。

  - 批准：开发、系统管理员、威胁建模者。

  - 咨询（双向）：架构师。

  - 知情（单向）：管理层、项目经理、业务分析师、质量保证、安全运营、漏洞评估、渗透测试人员、风险评估人员、合规官。

当然，这些信息流也会以其他方法出现。这里的说明提供了概述，涵盖了负责项目开发的整套角色。但是，如果严格遵循该过程，随着时间的流逝，这些交互作用可能导致网络有些混乱。

即使从对 PASTA 的这种简短而不完整的观点来看，我们也可以通过使用参数将其分类为一种方法来得出一些结论，参见表 3-4。

表 3-4：PASTA 作为一种方法的评估结果

参数	分数	说明
可访问性	1	PASTA 需要许多角色的持续参与，并需要大量时间投入才能正确完成。团队可能很难进行预算
可扩展性	3	许多框架可以并且应该在同一组织中的 PASTA 实例之间重用
可教育性	1	PASTA 依靠"威胁建模者"角色来负责大多数活动。从这个意义上讲，团队通过与最终威胁模型的交互、发现和建议而获得的任何教育收益具有有限的价值
可用性	4	一个执行良好且有据可查的 PASTA 威胁模型可从多个角度提供视图，包括最可行和最可能的攻击和攻击向量，以及有用的缓解措施和风险接受能力
敏捷性	1	PASTA 不是一个轻量级的过程，如果事先知道系统的所有设计和实现细节，它的性能就会更好。想象一下，如果重构部件或引入新技术，则需要重做多少工作
代表性	2	这个有点问题。如果整个设计、架构和实现事先众所周知，并且更改是有限的，并且在此过程中很好地结合起来，那么 PASTA 可以提供一些最具代表性的威胁模型。另一方面，如果开发过程不是一个完全有效的瀑布过程，那么更改将导致系统模型可能无法反映完整的最终开发状态。由于现在这种情况很少见，我们选择继续使用敏捷假设
无约束性	2	PASTA 的共同作者深入研究了 CAPEC 作为攻击树和威胁库的来源，并建议高度依赖 CVE 和 CWE 库来分别识别漏洞和缺陷。很少考虑系统特定的威胁，并且风险的计算很大程度上取决于先前识别的漏洞。从这个意义上讲，这个过程有局限性和有限性

3.3.5 TARA 方法

Jackson Wynn 等人于 2011 年在 MITRE 公司开发了"威胁评估和补救分析
（Threat Assessment and Remediation Analysis，TARA）"技术。他将其描述为
"一种可以被描述为联合交易研究的评估方法，其中第一种交易基于评估的风险
来对攻击向量进行识别和排名，第二种交易基于评估的效用和成本来识别和选
择对策"。[注12] 该方法已被美国陆军、海军和空军在许多评估中使用。

使 TARA 脱颖而出的众多因素之一是它的目标是抵御受国家级支持的中高层敌
人，以维持它对受到攻击的系统的"任务保证"。这种方法假设攻击者有足够的
知识和资源来绕过防火墙和入侵检测等外围控制，因此该方法关注的是在敌人
越过护城河后该做什么。当攻击者已经在系统内部时，系统如何生存并继续工
作呢？

TARA 专注于传统系统开发生命周期的采购阶段。作为一项政府资助的活动，
它假设开发发生在其他地方，由机构进行评估，旨在吸收系统。

在采集程序期间，进行架构分析以构建系统的代表性模型。该模型为针对系统
建立合理的攻击向量列表（及其相关的缓解措施）提供了基础，然后根据其风
险级别进行排名，从而产生一个漏洞矩阵。这个过程称为网络威胁敏感性评估
（Cyber Threat Susceptibility Assessment，CTSA）。在 CTSA 阶段结束时，应该
可以创建一个映射 TTP 及其对每个已识别组件的潜在影响的表格。表格的每一
行将包含以下内容：

- 目标 TTP 名称。

- TTP 的参考来源 [例如，正在考虑的攻击模式，作为来自公共攻击模式枚举
  和分类（CAPEC）[注13] 的条目] 。

- 对于系统中的每个组件，有两个条目：

  - 合理吗？：当考虑到有问题的组件时，TTP 是否可信？（是 / 否 / 未知）

  - 基本原理？：合理性问题的答案背后的基本原理或理由是什么？

例如，考虑一个局域网（LAN）网络交换机。源自 CAPEC-69 的 TTP"具有提

注 12： J. Wynn，"Threat Assessment and Remediation Analysis (TARA)"，*https://oreil.ly/1rrwN*。

注 13： 常见攻击模式枚举与分类，*https://capec.mitre.org*。

升权限的目标程序"可能表明存在合理性（表格中标记为"Yes"），并且基本原理或推理指出："交换机的操作系统是 UNIX，它支持使用可能提升自身权限的脚本和程序。"很明显，局域网交换机处于危险之中。

通过将缓解措施与每个识别的漏洞联系起来，分析生成一个对策列表，然后根据其有效性和实施成本对对策进行排序。这一排名的结果是一个缓解映射表，然后通过使用"解决方案有效性表"反馈到采集程序。该表显示了每一种缓解措施对该系统的保护程度，并优先考虑那些最具价值和效率的措施。这一分析称为过程中的网络风险补救分析（Cyber Risk Remediation Analysis，CRRA）步骤。

套用本书作者的话说，TARA 与其他威胁建模方法类似，但其独特性源于基于缓解映射数据目录及其在选择对策时的使用方式，从而将总体风险降低到可接受的风险承受水平[注14]。

 对威胁目录（也称为威胁库）而言：根据我们的经验，威胁建模方法完全基于威胁库，尤其是如果这些方法是对所分析系统中遇到的过去问题进行统计分析的结果，将在分析团队中形成一种"通过后视分析进行威胁建模"的心态。考虑到技术在不断变化，新的攻击载体也在不断引入，仅用已识别威胁的过去历史作为未来的指南是短视的。毫无疑问，为了向开发团队说明过去的问题，设定"不可原谅的"安全问题的参考点，并指导团队选择安全培训，这样的集合作为一种教育手段具有巨大的价值。但作为一种概念练习，分析可能出现的威胁，而不仅仅是它们曾经出现过的威胁，对你来说是很有价值的。另一方面，你可以将威胁库视为攻击树的不同方法，在这种情况下，它们被用作出发点，以导出系统可能遭受的进一步攻击向量和方法。在威胁建模领域，真正的价值在于目录的使用方式，而不是它存在与否。

TARA 的主要特点如下[注15]：

1. 你可以对已部署的系统或仍处于采购中的系统执行 TARA 评估。

2. 使用存储的 TTP 和对策（CM）目录，可促进前后两次 TARA 评估之间的一致性。

注14：Wynn，"Threat Assessment and Remediation Analysis"。

注15：Wynn，"Threat Assessment and Remediation Analysis"。

3. TTP 和对策目录数据来自开源和特定源，可以根据 TARA 评估的范围进行选择性分区 / 过滤。

4. TARA 不是一种一刀切的方法，评估中采用的严格程度可以根据需要进行调整。

5. TARA 工具集提供默认评分工具，用于定量评估 TTP 风险和对策成本效益。这些工具可以完全根据评估范围和项目需求进行定制或省略。

由于我们使用 TARA 作为基于威胁库的方法的示例，因此了解如何构建和保持最新的 TTP 和对策目录，以及如何通过对 TTP 进行评分来创建一个排名模型是很有帮助的。

TTP 和对策的任务保障工程（MAE）目录基于 MITRE ATT&CK、CAPEC、CWE、CVE、国家漏洞数据库（NVD）等开源威胁情报[注16]，以及特殊和机密来源，包括电子战（利用电磁频谱中的攻击来干扰系统运行）、国家级网络战攻击，以及公众不太熟悉的供应链攻击（见表 3-5）。

表 3-5：默认的 TTP 风险评分模型（来源：*https://oreil.ly/TRNFr*）

因子范围	1	2	3	4	5
接近度：对手需要什么样的接近度才能应用此 TTP？	无须物理或网络访问	通过 DMZ 和防火墙的协议访问	目标系统的用户账户（无管理员访问权限）	目标系统的管理员访问权限	对目标系统的物理访问
局部性：TTP 造成的影响有多局部？	独立的单个单元	单个单元及配套网络	外部网络可能受到影响	区域内所有单元	所有单元和相关结构
恢复时间：检测到攻击后，从该 TTP 恢复需要多长时间？	<10 小时	20 小时	30 小时	40 小时	>50 小时
恢复成本：恢复或更换受影响的网络资产的估计成本是多少？	<1 万美元	2.5 万美元	5 万美元	7.5 万美元	>10 万美元
影响：成功应用此 TTP 导致的数据机密性损失有多严重?	无影响	影响最小	需要一些补救措施的有限影响	运营连续性（COOP）计划中详述的补救活动	定期执行COOP补救活动

注 16：　例如，NIST 800-30 在附录 E 中包含非常详尽的列表：*https://oreil.ly/vBGue*。

表 3-5：默认的 TTP 风险评分模型（来源：*https://oreil.ly/TRNFr*）（续）

因子范围	1	2	3	4	5
影响：成功应用此 TTP 导致的数据完整性损失有多严重？	无影响	影响最小	需要一些补救措施的有限影响	COOP 计划中详述的补救活动	定期执行COOP 补救活动
影响：成功应用此 TTP 导致的系统可用性损失有多严重?	无影响	影响最小	需要一些补救措施的有限影响	COOP 计划中详述的补救活动	定期执行COOP 补救活动
使用前：是否有证据表明 MITRE 威胁数据库中存在这种 TTP？	没有证据表明 TTP 在 MITRE 数据库中使用	可能使用 TTP 的证据	经证实的 TTP 在 MITRE 数据库中使用的证据	TTP 在 MITRE 数据库中频繁使用	TTP 在 MITRE 数据库中广泛使用
所需技能：对手应用本 TTP 需要什么级别的技能或特定知识？	不需要特定技能	通用技术技能	关于目标系统的一些知识	关于目标系统的详细知识	了解任务和目标系统
所需资源：应用此 TTP 需要或消耗资源吗？	无须资源	所需资源最少	需要一些资源	需要大量资源	所需及消耗的资源
隐形：当应用 TTP 时，它的可检测性如何？	不可检测	可通过专门的监控进行检测	可能通过专门的监控进行检测	可能通过常规监控进行检测	TTP 明显没有监控
归属方：该 TTP 遗留的证据是否会指向归属方？	无遗留证据	少量遗留证据，不太可能指向归属方	TTP 的特征可能会指向归属方	之前有相似或相同的 TTP 指向归属方	对手使用的特征码攻击 TTP

TARA 使用的评分模型基于 12 个独立的测量值。除了较为常见的攻击（影响、实现攻击的难度、可能性等）外，还应注意更独特的攻击，例如恢复成本和隐身性，它们指的是最初的假设，即攻击者成功突破了外部防御，现在处于系统内部。

同样值得注意的是如何在保密性、完整性和可用性（CIA）三元组中划分影响，但与 CVSS（将影响分为"无""低""中""高"和"关键"来度量）不同，TARA 对克服影响所需的补救措施感兴趣（见表 3-6）。

表 3-6：TARA 评分模型

参数	分数	说明
可访问性	5	TARA 取决于威胁建模人员或团队在整个过程中采用系统的能力。因此，它以这些资源的存在为前提，并且根据定义，这些资源应该是完全可访问的

表 3-6：TARA 评分模型（续）

参数	分数	说明
可扩展性	5	根据定义，可以像评估机构中所有模型任务一样重用该过程。如果有执行评估的资源，则该过程应该完全可供它们使用
可教育性	2	TARA 依赖于一个对大多数活动负责的建模个人或团队。与 PASTA 一样，开发团队会收到一份以推荐对策的形式列出的待办事项清单，因此，作为一种知识扩展设备，它的价值有限。但目录本身可以用来教育什么是可能的攻击，并且可以用来培训团队
可用性	2	一个执行良好并有据可查的 TARA 威胁模型将从多个角度提供视图，包括最可行和可能的攻击和攻击向量，以及"解决方案有效性表格"中的有效缓解措施和风险接受能力。另一方面，作为采购模式的一部分，TARA 在完全成型的系统上运营，不太适合在开发期间影响设计选择
敏捷性	1	TARA 并不是一个轻量级的过程，如果事先知道系统的所有设计和实现细节，它的性能就会更好。想象一下，如果重构部件或引入新技术，则需要重做多少工作
代表性	5	出于与 PASTA 相同的原因，TARA 在分析攻击面时会考虑使用完整的系统
无约束性	2	TARA 基于 TTP 和对策目录进行分析。这对系统可能受到的威胁有一个预定义的视图，在一定程度上限制了分析的灵活性。另一方面，目录本应是一个不断更新的动态实体，但其来源更新缓慢，新增内容来自过去观察到的事件

3.3.6 Trike 方法

Trike v1 是在 2005 年由 Paul Saitta、Brenda Larcom 和 Michael Eddington 开发的，它尝试半自动地生成威胁，而不需要进行头脑风暴，这使它从其他威胁建模方法中脱颖而出。Trike 直接针对没有经验的开发者，他们没有被要求"像黑客一样思考"，因为 Trike 一反常态地依赖于工具的使用[注17]。

Trike 将自己定位为"从风险管理的角度进行安全审计的框架"。版本 2 仍然是一个正在进行编制的文档，似乎在 2012 年已经停止了方法和相关工具的开发。这是一个重要的细节——Trike v2 提出了有趣和有用的概念，但它应该被视为实验和未经证实的领域。所以我们在这里专注于 Trike v1。

该方法试图明确定义分析的内容以及何时停止分析。虽然它试图将大量的分析

注 17： Trike 这个名字没有特别的含义，作者在 FAQ 中说："如果有人问起，就编一个故事，那可能就是我们要做的。"

能力交给开发者，但它将安全作为一个单独的技术领域，并且需要一位主题专家来将分析"提升到一个新的水平"。

通过形式化的系统设计，Trike 允许使用两种工具（桌面版本和基于 Excel 的版本）来（半）自动地识别威胁，最重要的是，它可以保证分析所涵盖的所有威胁都得到了评估。Trike 的另一个独特之处是它的视角，它关注的是防御者而不是攻击者。

需求模型

正如我们已经讨论过的许多其他方法一样，建模的第一个活动是通过检查行为者和环境与系统资产的交互来理解被建模的系统的目的，以及它如何实现这些目标。这是需求模型阶段。构建一个包含资产、行为者和可能的操作的表格。

在 Trike 中，操作遵循原子访问的 CRUD（创建、读取、更新、删除）模型，这些（以及它们的链接）是唯一可能的操作。每个系统操作都由 < 行为者，资产，规则 > 的元组表示，这些规则限制哪些行为者或角色可能影响该操作。如果操作是系统正常功能状态的一部分，那么它们就会被添加到列表中，也就是说，如果一个操作不是系统的完全预期部分（即没有文档记录），那么它就不会被用于分析的目的。换句话说，这个列表中只有系统的有效用例，而没有添加误用或滥用案例。由此产生的一系列操作的结果集以一种正式的方式完全描述了被评估的系统。

这转化为按顺序分析每个资产和行为者对，并评估每个 CRUD 操作。理解了这些规则，你就可以使用布尔逻辑声明性语句来阐明规则，例如"角色必须具有管理角色，资产必须处于挂起状态"。

我们通过在运行于 Ubuntu 上的 Squeak 虚拟机中运行 Trike1.1.2a 工具来检查 Trike。不幸的是，基于 Squeak 的工具似乎并没有跟上方法论的更新，因为作者似乎更喜欢让从业者使用基于电子表格的工具。

该工具附带了一个博客系统的威胁模型样本，充分说明了它的使用。

 我们鼓励你查看 SourceForge 上的 Trike 项目，了解更多关于这种方法的图片和细节。

实施模型

一旦你收集了行为者和规则，并创建了需求的正式定义，就可以评估实施了。这是通过排除不属于行为框架的行为来实现的。

Trike 区分了支持操作和预期操作。支持操作是从记账和基础设施的角度推动系统运行，支持系统运行的操作。所给出的示例是登录操作，它将用户从一个状态（未登录）切换到另一个状态（已登录）。我们在这里不深入研究这些支持操作的创建，因为过程很复杂，也没有给我们的讨论增加太多内容。你可以查看 Trike 文档中的解释。Trike 的作者将预期操作和由此创建的状态机视为实验特征，并在不同版本的方法中进行了更改。

接下来将使用 DFD 表示系统。这与描述 STERID 时采用的符号和方法相同，包括将系统划分为更详细的单独 DFD，在特定区域提供更深入的信息。这里重要的一点是，对于 Trike，DFD 表示的"完成定义"是"直到不再有任何跨越信任边界的过程"。

再次对该图进行注释，以构建系统的完整表示，并寻求捕获元素所使用的技术堆栈（操作系统、数据存储类型等）。根据需要，你可以使用网络部署图完成 DFD。

收集所有这些数据并编译系统所有可能使用流程的列表。这些将操作映射到实施中，显示了影响应用程序状态更改的行为者操作如何影响系统中的资产。

通过在 DFD 中跟踪预期操作和支持操作的路径，可以实现数据的收集和使用流程的编译。每当外部行为者进入路径时，使用流程都会被细分。由于对系统状态的更改与状态机中的状态相对应（如第 1 章中所述，可以用序列图更清楚地表示），因此可能存在前置条件和后置条件，它们也是流程的一部分。例如，将博客条目提交到博客平台有两个阶段。第一步是编写帖子，并批准其进入系统，以便流程向系统添加"帖子已提交"状态。然后，这成为"允许发布"状态的前提。

同样，使用流程（基于 SourceForge 上 Trike 项目页面上的可用信息）被认为是 Trike 方法中的实验性流程。实际上，Trike 的作者认为它们很麻烦，并且在模型中引入错误的可能方法。

威胁模型

有了需求模型和实施模型后，下一步就是生成威胁。在 Trike 中，威胁是事件（不是特定于技术或实施的事件），表示从行为者－资产－操作矩阵和相关规则得出的确定性集合。Trike 的另一个独特功能是，所有威胁都是拒绝服务或权限提升。当行为者无法执行某项操作时就会发生拒绝服务。权限提升发生在下述情境中：行为者执行其不打算在特定资产中执行的操作；行为者执行某个规则不允许的操作；行为者选择系统执行某个操作。

如何生成威胁列表？为每个预期操作创建一个拒绝服务威胁，然后反转一组预期操作，并移除一组不允许的操作，这会创建一组权限提升威胁。这些集合包含了针对系统的全部威胁。

使用实施模型和衍生的威胁集，你可以确定哪些威胁可以成功转换为攻击。你可以通过使用攻击树，在每个树的根部识别威胁来做到这一点。

尽管自动化是 Trike 的核心原则，但是攻击树和图的生成并不是完全自动化的，并且在此步骤中需要主题专家进行人为干预。

风险模型

范围内和范围外的风险对于 Trike 至关重要。在评估风险时，你必须考虑系统的确切部分及其所处的风险，然后才能决定风险是否适用于系统。根据资产对企业的业务价值为其分配货币价值，该价值由企业而不是威胁模型负责人确定。接下来，你必须对一组预期操作进行排序，方法是对被阻止的所有给定操作的不受欢迎程度（拒绝服务威胁的值）进行评分（1~5），5 表示阻止此操作是最不可取的。然后对信任级别在 1~5 之间的所有参与者进行排名，1 是高度信任的行为者，5 是匿名行为者。

Trike 将风险定义为资产价值乘以特定于行为的风险，该指数按威胁对组织的严重程度来对威胁进行排名。

利用漏洞的可能性也是 Trike 计算的一部分。它是可复现性（重现攻击的难易程度）、可利用性（执行攻击的难易程度）和行为者信任度的函数。该值目前仅是参考信息。

对于每种威胁，暴露值乘以最大适用概率风险即可得出威胁风险值，它将业务影响与威胁的技术执行联系起来。

Trike 的作者意识到这是一种粗略而幼稚的风险建模方法，但坚持认为它足以产生一组表达能力。通过生成威胁及其相关值，你可以得出对这些威胁应采用的缓解措施、应采用的缓解顺序以及清除或至少减少威胁的程度（请参见表 3-7）。你可以在 Mozilla 的一位作者 Brenda Larcom 的演示文稿中看到关于 Trike 的有趣概述。

表 3-7：Trike 评分模型

参数	分数	说明
可访问性	1	Trike 提出了一种可靠的威胁建模方法，其中一些基本概念是合理的，但不幸的是，该方法的执行记录不清，讨论似乎已停止。可用的工具提供了部分实现或复杂的工作流程
可扩展性	5	根据定义，可以像评估机构中所有模型任务一样重用该过程。如果有执行评估的资源，则该过程应该完全可供它们使用
可教育性	3	通过将所有可能的威胁分为两类（权限提升和拒绝服务），Trike 鼓励在制定规则以及检查行为者和资产时进行讨论。在安全负责人的指导下，这种对话和深入探究应该会给团队带来更多的安全教育
可用性	2	方法论中仍然有很多悬而未决的问题，这使人进行了有趣的智力练习，但实用价值有限
敏捷性	2	Trike 专注于建模时对系统的所有了解。因此，它不适合开发（或至少设计）不完整且在建模时可以充分检查其功能和特性的系统。Trike 的作者声称这种方法"很容易适应零散的扩展，因此也很容易适应螺旋式开发或 XP / Agile 模型"，但我们对此表示不同意。即使信息流确实支持修改模型，但应用旧模型与新模型之间的差异的操作成本仍然很高
代表性	5	出于与 TARA 相同的原因，Trike 在分析攻击面时着眼于完整的系统
无约束性	2	Trike 建立在攻击树和图上以生成攻击，并高度支持攻击树是"Trike 方法中更有用的省时功能之一"。尽管这是事实，但它也对要评估的威胁起到了限制作用。动态生成威胁被视为操作问题，而不是与方法本身相关的问题

3.4 专业的方法论

除了我们介绍的方法之外，还有一些方法更关注产品安全性的特定方面，而不是简单的开发和保护。进入威胁建模领域，其中一些关注的是与隐私相关的问题，而不是严格意义上与安全相关的问题。为了完整和比较，我们在这里提到了一些，以展示如何以不同的方式应用本章中的基本思想，从而识别对其他类别敏感资产、机密数据和其他形式的"皇冠上的宝石"的威胁。

3.4.1 LINDDUN 方法

作为隐私的一种变化，LINDDUN [可链接性（Linkability）、可识别性（Identifiability）、不可否认性（Nonrepudiation）、可检测性（Detectability）、信息公开（Disclosure of information）、无提示（Unawareness）和不合规（Noncompliance）] 是一种用于隐私威胁建模的系统方法。LINDDUN 网站提供了广泛的教程和指导材料，并且是宝贵的资源。该方法是由比利时大学鲁汶分校的 DistriNet 研究小组的 Kim Wuyts 博士、Riccardo Scandariato 教授、Wouter Joosen 教授、Mina Deng 博士和 Bart Preneel 教授开发的。

与主要关注 CIA 三元组的传统安全性威胁模型不同，LINDDUN 评估了针对不可链接性、匿名性、假名性、合理推诿性、不可检测性和不可观察性、内容提示性、政策和同意合规性的威胁，所有这些都以数据主体的隐私为重点。因此，这不仅涉及（外部）攻击者的观点，还涉及组织的观点，因为某些系统行为可能会侵犯数据主体的隐私。在不扩展太多的情况下（可以在 LINDDUN 论文[注18]中看到每个属性的完整讨论），这些属性如下：

不可链接性
> 不能将两个或多个操作、元素、标识等信息链接在一起，也就是说，不能根据可用信息安全地建立它们之间的关系。

匿名性
> 无法确定行为者的身份。

假名性
> 行为者可以使用一个单独的标识符，而不是（直接）识别行为者的标识符（即，假名不直接指向自然人）。

合理推诿性
> 行为者可以拒绝执行某项操作，而其他行为者则不能确认或拒绝该确认。

注 18: Mina Deng 等人，"A Privacy Threat Analysis Framework: Supporting the Elicitation and Fulfillment of Privacy Requirements"，2010 年 6 月，*https://oreil.ly/S44fV*。

不可检测性和不可观察性

攻击者无法充分区分感兴趣的项目（操作、数据等）是否存在。不可观察性意味着无法检测到感兴趣的项目（IOI），并且 IOI 中涉及的主题与其他相关主题是匿名的。

内容提示性

用户应该通过使用 Web 交互的更多动态元素（表单、cookie 等），或通过邀请安装时不可用的内容（例如，广告网络下载可执行文件）进入他们的系统来了解他们向服务提供商提供的信息。内容提示性保持"仅应寻找和使用最少的必要信息，以实现与其相关的功能"。

策略和许可合规性

系统知道提供的隐私策略以及其存储和处理的数据，并在访问数据之前主动通知数据所有者有关法律和政策的合规情况。

图 3-4 中的许多步骤看起来都很熟悉——它们的操作与 STRIDE 的阶段相同，因此请重点关注 LINDDUN 与以安全为中心的方法的不同之处。

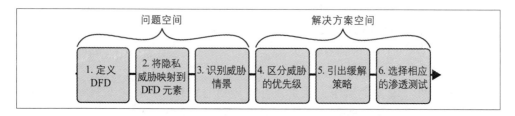

图 3-4：LINDDUN 的步骤（*Figure 6.12 in Kim Wuyts, "Privacy Threats in Software Architectures" (Ph.D. thesis, KU Leuven, 2015), 135.*）

LINDDUN 作者创建了一个面向隐私的威胁到 DFD 元素的独特映射，如图 3-5 所示。

	L	I	N	D	D	U	N
实体	×	×			×		
数据存储	×	×	×	×	×		×
数据流	×	×	×	×	×		×
过程	×	×	×	×	×		×

图 3-5：DFD 元素到 LINDDUN 威胁的映射

你可以在"LINDDUN：A Privacy Threat Analysis Framework"中查看威胁类别的完整定义：

- L：针对不可链接性的可链接性威胁。
- I：针对匿名性和假名性的可识别性威胁。
- N：针对合理推诿性的不可否认性威胁。
- D：针对不可检测性和不可观察性的可检测性威胁。
- D：针对机密性的信息公开威胁。
- U：针对内容提示性的无提示威胁。
- N：针对策略和许可合规性的不合规威胁。

在检查系统拟人化的用例时，请考虑此映射。例如，用户编写博客条目将导致条目表单的用户成为"外部实体"，博客系统成为"通过两个数据流（用户到博客系统，博客系统到数据）将条目存储在数据存储区中的过程"。在与 STRIDE-per-Element 并行的过程中，每个 DFD 元素与包含"X"的隐私威胁之间的交集都意味着相关元素容易受到该威胁的影响。

关于每种威胁如何影响每个要素的广泛讨论不在本书的讨论范围之内，但是在 LINDDUN 论文中已有论述。

一旦识别出威胁，就可以再次使用攻击树来了解攻击者可能采取的方法，以达到特定目标。如图 3-6 所示，如果攻击者的目标是强制不遵守许可策略，则他们可能会通过几种方式进行攻击。

直接的途径是利用安全问题来篡改容纳策略的数据存储区。如果成功，则可能造成很难保证（甚至不可能保证）合规性（通过更改策略本身的关键方面、更改获得许可的方式或更改管理许可的方式）。间接地，它们可以影响组织犯错或破坏内部实践从而导致出现违规的情况。除了这种以攻击者为中心的观点之外，从组织的角度来看，也可能会发生违规情况，例如，不遵守数据保护原则（比如，最小化和目的限制），从而处理超出严格限制范围的个人信息。

LINDDUN 站点包含隐私威胁树的目录，其中包括对该树的一般性说明以及对其叶子节点的详细讨论。每个威胁树都包括针对树的使用者的指南，说明如何解释每个叶子节点的信息[注19]。每个指南块通常以标准免责声明结尾，该免责声明表明该树在较高级别上描述了潜在的关注区域，用户应寻求法律建议，以确保合规。

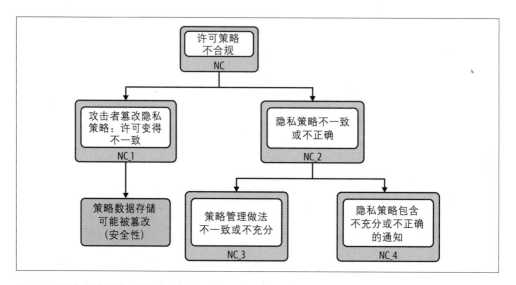

图 3-6：不合规威胁的威胁树（来源：基于 *https://oreil.ly/afYUJ*）

LINDDUN 不建议采用风险分类技术或分类法，而是依靠现有的方法，例如我们在第 0 章中提到的方法。你需要构建一个滥用案例（MUC），将前面步骤中收集的信息翻译成一个可用的故事，你可以将其与其他故事进行比较，以便对它们进行排名。LINDDUN 论文中展示了社交媒体用户熟悉的违规示例。

标题

MUC 10：不遵守策略和许可。

总结

社交网络供应商未在征得用户同意的情况下处理用户的个人资料。例如，将数据库共享给第三方进行二次使用。

资产、利益相关者和威胁

用户的 PII：

1. 用户：暴露的身份和个人信息。

注 19： 有关为每个叶子节点提供的指导示例，请参见 *https://oreil.ly/afYUJ*。

2. 系统 / 公司：对声誉有负面影响。

主要作恶者

内部人员。

基本流程

1. 作恶者可以访问社交网络数据库。

2. 作恶者把数据泄露给第三方。

触发器

一个恶意的行为者，且总是有可能出现。

先决条件

1. 作恶者可以篡改隐私策略，使之与许可条款不一致。

2. 没有正确地管理策略（没有根据用户的请求更新）。

预防关键点

1. 设计系统符合隐私和数据保护的法律准则，并保持内部策略与传达给用户的策略一致。

2. 法律执行：只要用户的个人数据在未经同意的情况下被处理，用户就可以起诉社交网络提供商。

3. 员工合同：与第三方分享信息的员工将受到处罚（解雇、罚款等）。

预防保证

法律的实施将降低内部人士泄露信息的威胁，但仍有可能侵犯用户的隐私。

注意，前提条件直接来自威胁树。一旦你描述了一个误用案例，就可以以预防关键点和预防保证的形式从中提取需求。LINDDUN 把缓解威胁的方法转向使用隐私增强技术 (PET) 作为解决方案，而不是纯粹的法律或合同手段。LINDDUN 的论文在列举 PET 解决方案并将它们映射到隐私属性方面做得很好。我们在这里没有复制那个映射，如果你决定使用它，请阅读这篇论文以熟悉该方法。考虑到 LINDDUN 与 STRIDE-per-Element 相似，重新应用我们的测量参数是不合逻辑的，因为它们将等于 STRIDE 的参数。另外，LINDDUN 是一个很好的例子，说明了如何将威胁建模的过程应用到安全以外的领域（例如，C、I 和 A），并生成类似有价值的结果。

3.4.2 SPARTA 方法

通过风险驱动型威胁评估的安全和隐私架构（Security and Privacy Architecture Through Risk-Driven Threat Assessment，SPARTA）是一种框架和工具，可以促进我们在本书研究期间"发现"的持续威胁诱因。此框架起源于比利时大学鲁汶分校，由 Laurens Sion、Koen Yskout、Dimitri Van Landuyt 和 Wouter Joosen 创建。

SPARTA 的前提是，虽然像 STRIDE 这样的传统方法成功地识别了威胁，但它们却需要付出大量的努力，因为威胁建模活动与开发工作是分开进行的[注20]。这会产生最终可能分散且又必须保持井井有条的工件，这也需要更多的努力。当对开发系统或底层安全特性进行更改时，这会对审查生成的威胁模型造成障碍。在 SPARTA 的作者看来，这些变化可能会产生广泛的影响，证明审查威胁模型中的完整结果集是合理的。

作为一种工具，SPARTA 提供了一个 GUI（基于流行的 Eclipse 框架），并具有拖放工作流[注21]。SPARTA 丰富了 DFD 的元数据，增强了以下方面。

语义

    在 DFD 中添加安全解决方案及其影响的表示，可以促进对该数据的验证以及对你所代表的系统的影响。

可追溯性

    安全机制及其对系统的影响之间的关系应该是可映射的。

关注点分离

    威胁库以及可能的安全解决方案和缓解措施的目录应彼此独立发展。

动态和持续的威胁评估

    SPARTA 认为，就像持续威胁建模方法论（我们将在第 5 章中介绍）一样，

注 20：" SPARTA: Security and Privacy Architecture through Risk-driven Threat Assessment"，SPARTA，*https://oreil.ly/1JaiI*。

注 21：从 2020 年 10 月开始，以封闭访问方式：联系 SPARTA 作者以进行访问。

威胁诱因应在必要时（而不是在开发周期的特定时间）发生。因此，尽可能地自动。

在不深入每个领域的情况下（SPARTA 作者在补充论文中提供了丰富而有趣的学术讨论），可以这样说，附加 DFD 安全元数据的模型添加了安全解决方案（SecuritySolution）的实例，以使捕获安全解决方案成为 DFD 的一部分。每个安全解决方案都包含角色（Role），这些角色列出了该解决方案中涉及的 DFD 元素。角色可以实施缓解威胁类型（ThreatType）的对策（CounterMeasure），并可以指定对策适用于哪些角色（见图 3-7）。

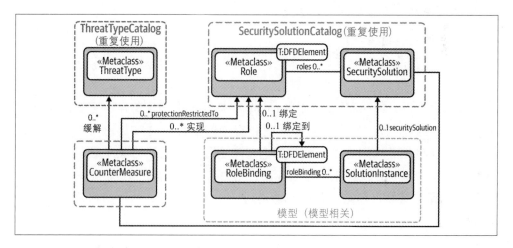

图 3-7：安全元模型的 SPARTA UML 表示形式（来自 *https://oreil.ly/nNSmO*）

一旦 DFD 反映了所表示的系统并且在安全元模型中提供了足够的实例化，该工具就会迭代威胁库（工具的一部分，可由用户扩展）中的所有威胁类型（Threat-Type）。这样，它可以通过验证它们不执行相应的对策（CounterMeasure）来识别可能受到威胁类型影响的是哪些 DFD 元素。

在这一步中，我们看到了 SPARTA 威胁识别方法的一个独特特征：特定元素中的威胁类型是否由特定的安全解决方案缓解并不重要，只要存在并定义了将缓解该特定威胁的威胁类型即可。例如，假如威胁是"通过公共网络传输的数据未加密"，则如果数据流被声明为通过 TLS 运行，或者整个系统被声明为对其所有数据流使用 VPN，SPARTA 将认为威胁已缓解。对我们来说，这意味着架构师可以自由地对系统性或重点缓解措施进行"假设分析"，并了解这些选择如何影响整个系统的安全态势。

SPARTA 中的风险分析使用第 0 章中提到的 FAIR，并为 FAIR 中的每个风险成分添加了蒙特卡洛模拟：

- 对策强度
- 威胁能力
- 接触频率
- 行动概率
- 漏洞
- 威胁事件发生频率
- 损失事件发生频率
- 损失程度和风险

要进行风险分析，请在 DFD 中添加：（a）根据元模型指定的解决方案的安全性实例；（b）对每个 FAIR 因素的每种威胁类型的估计，这些是由安全专家、系统和风险利益相关者添加的。添加的内容考虑了安全解决方案中已经存在的攻击配置文件和值（例如，可能的攻击者的能力，以及相应的对策）。一旦确定了 DFD 中的所有威胁，便会对每个威胁进行一次风险估计，从而得出攻击击败对策的概率。

统计方面的知识超出了本书的范围，对于那些有兴趣的人，我们推荐 SPARTA 作者的学术论文。考虑纵深防御：如果存在针对给定威胁的多种对策，则最终概率是击败所有对策的概率。

SPARTA 还利用不同的角色来代表具有不同能力的攻击者。例如，当攻击者是入门级对象（例如，脚本小子）时，风险评估将不同于攻击者是国家级组织。

这些都是完全可定制的，因此团队可以选择"非熟练外部网站用户"或"具有国家级支持的行为者"（例如，见图 3-8）。

目标是在 DFD、安全元模型、威胁库、对策等发生更改时，不断考虑概率和你识别的威胁。通过我们发现的即时影响分析，为 SPARTA 添加了实时组件。用户可以以不同的方式对风险列表进行排序，以获得最佳缓解措施。

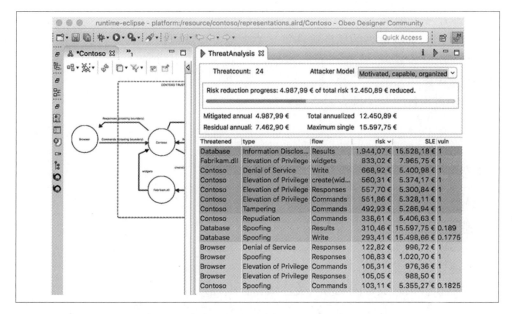

图 3-8：SPARTA 示例 DFD 和相关威胁列表（来源：*https://oreil.ly/VC3oh*）

3.4.3 INCLUDES-NO-DIRT 方法

INCLUDES-NO-DIRT 方法最近已公开发布。该方法侧重于弥合安全性、隐私性和合规性之间的差距，然后将这种结构应用到临床环境中。该方法结合了 STRIDE 和 LINDDUN 的优点，可以被称为 "SuperSTRIDE"，因为 INCLUDES-NO-DIRT 是包含 LINDDUN 和 STRIDE 的首字母缩写，然后加上 "C" 和 "O"，如下所示。

I：可识别性
    避免匿名，支持行为的可追溯性（关注域：隐私性）。

N：不可否认性
    避免合理推诿性（关注域：隐私性）。

C：临床错误
    确保正确应用临床标准（关注域：合规性）。

L：可链接性
    在整个系统中关联信息（关注域：隐私性）。

U：未经许可的活动

确保用户具有适当的凭证或许可（关注域：合规性）。

D：拒绝服务

维护可用性（关注域：安全性）。

E：权限提升

确保对操作进行正确的授权（关注域：安全性）。

S：欺骗

避免假冒（关注域：安全性）。

N：不遵守策略或义务

强制执行策略或合同义务（关注域：合规性）。

O：过度使用

强制使用限制（关注域：合规性）。

D：数据错误

避免出现错误或组件故障，维护数据完整性（关注域：安全性）。

I：信息披露

维护数据的机密性（关注域：安全性）。

R：否认性

加强用户与操作的关联（关注域：安全性）。

T：篡改

维护数据完整性，防止误用或滥用（关注域：安全性）。

这种威胁建模方法论通常遵循 STRIDE 的方法，但也有助于通过广泛的调查问卷和"选择自己的冒险"风格的流程来指导非安全从业人员。但是，从某种意义上说，由于其构造的刚性，它在实践中是不灵活的。该文档建议该方法"必须由非安全/非隐私从业者访问"，该方法在大多数情况下都是成功的，因为这些从业者已经在该过程本身中积累了大量的知识。不幸的是，为了使该方法适应于它所关注的临床医疗环境以外的领域，需要广泛的安全性和隐私性方面的经验。

3.5 我们可以玩游戏吗

在本书中，我们一直在讲解如何有效地进行威胁建模活动。目前，许多解决方案旨在为这种需求提供更快、更全面的投资回报，其中一些采用游戏和类似游戏的帮助材料形式，这些材料建立在信息领域大多数人固有的创造力、好奇心和竞争力之上。我们选择在本章中讨论这些问题，是因为它们在某些情况下的文档有效性，并且可以与已建立的威胁建模技术配对使用，同时也处于威胁建模领域的前沿。我们并不声称这是一个详尽的列表，但这些是我们实际遇到的（某些情况下在教学环境或"生产"中使用的）。

Adam Shostack 是通过编写"权限提升"游戏来进行威胁建模游戏化的先驱，其在个人博客网站上维护了这些游戏化助手的运行列表——如果对此方法感兴趣，你可以定期访问。

我们不会讨论游戏是令人兴奋、深刻还是可玩。作为一种教育工具，它们都是有效的，并且其效果会因使用方式的不同而有很大差异。我们将游戏化视为鼓励威胁建模的强大工具，并且对该领域的新发展很感兴趣。

3.5.1 游戏：权限提升卡牌

作者：Adam Shostack

实施的威胁方法论：STRIDE

主要玩法：此牌组中的花色遵循 STRIDE 方法——欺骗、篡改、否认、信息披露、拒绝服务和权限提升。每张牌都对应一种威胁。例如，"10 号欺骗"这张牌提出，"攻击者可以选择使用较弱的身份验证或不使用身份验证"。如果这张牌的玩家可以将该威胁应用于系统，那么这将被记录为一个发现；否则游戏根据低 / 高价值牌规则进行（见图 3-9）。

该游戏信息可以从以下网址获取：*https://oreil.ly/NRwcZ*。

图 3-9：权限提升样品卡[注22]

3.5.2 游戏：权限提升和隐私性卡牌

作者：Mark Vinkovits

实施的威胁方法论：STRIDE

主要玩法：作为 LogMeIn 威胁建模实践的一部分，一个团队确定了围绕威胁建模和隐私相关讨论进行头脑风暴活动的必要性，并决定在原始的"权限提升"游戏中添加"隐私"花色。该花色将包含可操作的卡片，并存在很高的隐私风险。例如，"10 号隐私"这张牌中写道："一旦撤销了处理的法律依据，你的系统就不会对个人数据进行擦除或匿名化。"

该游戏信息可以从以下网址获取：*https://oreil.ly/rorks*。

注 22：　这些是 Izar 个人收集的安全游戏图片。

3.5.3 游戏：OWASP 聚宝盆卡牌

作者：Colin Watson 和 Dario De Filippis

实施的威胁方法论：没有专门的方法

主要玩法：OWASP 聚宝盆卡牌游戏不是勇于识别威胁，而是旨在识别安全要求并创建与安全相关的用户案例。作为 OWASP 项目，它确实更加专注于基于 Web 的开发：其对权限提升做了进一步修改，但以当前发布的形式，OWASP 聚宝盆卡牌游戏重视与电子商务网站相关的威胁。

OWASP 聚宝盆卡牌的花色源自 OWASP 安全编码实践备忘单和 OWASP 应用程序安全验证标准。该游戏有 6 种花色：数据验证和编码、身份验证、会话管理、授权、密码和万能花色（聚宝盆）。例如，"10 号会话管理"这张牌中写道："Marce 可以伪造请求，因为每个会话或每个请求对更关键的操作、强随机令牌（即反 CSRF 令牌）等没有用于更改状态的操作。"

该游戏信息可以从以下网址获取：*https://oreil.ly/_iUlM*。

3.5.4 游戏：安全和隐私威胁发现卡牌

作者：Tamara Denning、Batya Friedman 和 Tadayoshi Kohno

实施的威胁方法论：没有专门的方法

主要玩法：这副卡牌是由华盛顿大学计算机科学系的一组研究人员创建的，提出了 4 套无编号的花色（维度）：人的影响、敌人的动机、敌人的资源和敌人的方法。建议进行一些活动来使用卡片：通过分析系统的威胁重要性对卡片进行排序，或者组合卡片（"哪种敌人的方法最适合特定敌人的动机？"），或者创建新卡片来探索维度，也许是受新闻中的事事所驱动。

与其说是一场游戏，不如说是一场有针对性的教育活动，对其中的维度和卡片进行讨论和分析有助于理解和探索安全问题。例如，"敌人的资源"花色中的一张随机卡片显示："不寻常的资源——敌人可能会访问哪些意外或罕见的资源？异常资源将如何引发或扩大对系统的攻击？"顺便说一句，尽管该平台没有对其进行推广，但它是在卡内基梅隆大学软件工程学院的 Nancy Mead 和 Forrest Shull 开发的混合威胁建模方法论中使用的，这些卡片用于支持头脑风暴会议，以识别与威胁建模系统相关的威胁（参见图 3-10）。

该游戏信息可以从以下网址获取：*https://oreil.ly/w6GWI*。

图 3-10：安全和隐私威胁发现卡牌_{注 23}

3.5.5 游戏：LINDDUN GO 卡牌

作者：LINDDUN 团队

实施的威胁建模方法论：LINDDUN

主要玩法：LINDDUN GO 通过简化方法和一组隐私威胁类型卡（受"权限提升"卡启发），为启发阶段提供了更轻量级的支持。因此，LINDDUN GO 对于进入该领域的新人，以及寻求较轻方法的经验丰富的威胁建模者来说，都是一个良好的开端。对于初学者来说，这是一个很好的入门教育工具，不需要隐私专业知识（见图 3-11 和图 3-12）。

该游戏信息可以从以下网址获取：*https://www.linddun.org/go*。

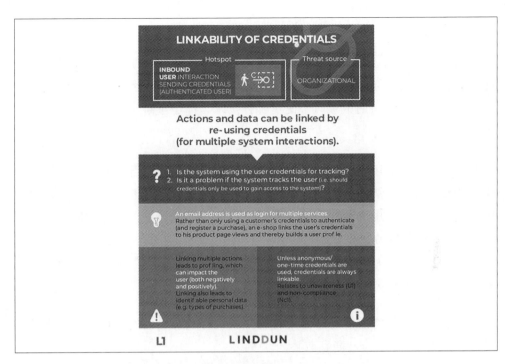

图 3-11：LINDDUN GO 样例卡片：凭证的可链接性（*https://www.linddun.org/go*）

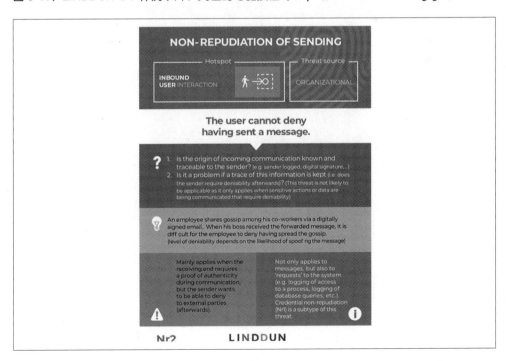

图 3-12：LINDDUN GO 样例卡片：不可否认发送（*https://www.linddun.org/go*）

3.6 小结

在本章中，你学习了自 STRIDE 诞生至今的各种成熟且实用的威胁分析方法。通过本章的学习，你应该了解了在特定环境、开发风格、组织结构或特定挑战或威胁建模过程的预期中倾向于使用哪种技术。你还了解了如何使用设计来为威胁模型生成威胁。

如果在试图为你的环境找到一种方法后，你仍然没有找到合适的方法，那就尝试一些最流行的方法，并利用你新发现的经验来设计自己的方法，以从模型中识别威胁。然后利用你新获得的经验来设计你自己的方法，从你的模型中识别威胁。之后回到威胁建模社区（在 Reddit 的 *r/ThreatModeling* 上，或在 OWASP 的 Slack 工作区 *#threatmodeling*，或在热门安全会议上的"Birds-of-a-Feather"聚会上，将威胁建模作为一个主题探讨！）。

在下一章中，我们将展示通过使用自动化来执行威胁建模的方法——既描述模型又"自动"识别安全和隐私威胁。

第 4 章

自动化威胁建模

在第 1 章中，你深入了解了"手工"构建不同类型系统模型的机制，即在白板上绘图或使用 Microsoft 的 Visio 或 draw.io 等其他应用程序。你还看到了在构建这些模型时需要收集的信息。第 3 章概述了威胁建模方法，通过这些方法，你可以识别正在评估的系统中的安全问题区域。你了解了发现高级威胁的方法，并考虑到有能力和意图实施攻击的敌人。你还看到了在威胁"堆栈"中更深入地分析导致威胁（和敌对目标）的根本原因的方法——缺陷和漏洞，这些缺陷和漏洞及其组合会导致系统功能和数据（以及你的声誉和品牌）的灾难。

如果你有时间和精力，这些技术和方法是系统建模和威胁建模的有效方法，并且可以让你的组织相信这种方法很重要。然而，在这个一切都是连续的、一切都是代码的时代，开发团队要在短时间内交付更多的东西，就要承受很大的压力。因此，安全实践被认为是弊病，它们占用了开发者的时间，由于成本太高而被放弃。这让那些专注于安全的人处于一个困难的境地。你是否试图影响你的组织，使其在应用安全工程实践时更加严格？在知道结果的质量（以及最终产品的安全性）可能会受到影响的情况下，你是否试图利用不断缩减的资源尽可能多地完成工作？你如何保持高安全标准和关注细节，来创建一个精心设计的系统？

促进良好安全工程的一种方法是限制手工构建系统和威胁模型的需要，并转向自动化，以帮助减轻你的负担，满足业务团队和安全团队的需要。虽然人的因素可以说是威胁建模活动的重要组成部分，但系统模型的构建和分析是计算机可以轻松完成的。当然，你必须提供输入。

117

自动化不仅可以帮助你设计模型，还可以帮助你回答问题。例如，如果你不确定端点 X 和 Y 之间的数据流是否会将关键数据暴露在神秘的 Eve[注1] 中，那么可以使用程序来解决这个问题。

在本章中，我们将探讨过程演变。当涉及创建威胁建模技术的最新技术，执行威胁分析和缺陷引出时，你可以使用基于代码的威胁建模和使用代码进行威胁建模这两种自动化技术[注2]。

你可能想知道威胁建模自动化将如何让你的生活更轻松，而不是从长远来看需要更多工具／流程／责任。我们也有同样的疑惑。

4.1 为什么要自动化威胁建模

让我们面对传统的威胁建模方法很难，原因有很多。

- 要做好威胁建模，需要高度专业化的人才，你需要梳理出系统中的缺陷。这需要训练，以及在涉及"什么是什么"和"可能是什么"（以及事情如何出错）等问题时，保持健康的悲观主义和批判性思维。

- 要知道的东西很多，这需要知识和经验的广度和深度。随着你的系统变得越来越复杂，或者引入了一些变化（例如，许多公司正在经历的数字化转型），技术的变化带来了越来越多的缺陷：发现新的缺陷和威胁，创建新的攻击向量；安全人员必须不断学习。

- 有无数的选项可供选择[注3]，包括执行威胁建模和分析的工具和方法，如何表示建模，以及如何记录、缓解或管理调查结果。

- 说服利益相关者进行威胁建模很重要，这可能很困难，部分原因是：

  ◆ 每个人都很忙（如前所述）。

  ◆ 并非开发团队中的每个人都理解指定或设计的系统。设计的不一定是规范中的内容，实施的内容也可能不匹配。找到一个能够正确描述所分析系统当前状态的合适的人，将会是一个挑战。

注 1：　Randall Munroe，"Alice and Bob"，xkcd 网络经济，*https://xkcd.com/177*。

注 2：　有些人还使用包含短语"威胁建模即代码"与 DevOps 行话比较。很像几年前的 DevOps（还有它的行话！），整个词汇处于过渡阶段，许多人用它来表达许多不同的意思，但我们觉得一个惯例正在慢慢地融合。

注 3：　在最后一次检查中，我们计算了 20 多种方法和变化。

- 并不是所有的架构师和编程人员都完全了解他们所从事的工作。除非在小型的、高效的团队中，否则并不是所有的团队成员都能相互了解对方的领域。我们称之为"三个盲人和大象"开发方法论。

- 一些团队成员（希望只有一小部分）的意图不太完美，这意味着他们可能处于防御状态或故意提供误导性陈述。

- 虽然你可以阅读代码，但这并不能显示整个图片。如果你有代码要读，那么你可能错过了避免由编码无法减轻的设计带来的潜在严重错误的机会。有时很难仅从代码中导出堆叠设计。

- 创建系统模型需要时间和精力。因为没有什么是一成不变的，所以维护一个系统模型需要时间。系统的设计会随着系统需求的变化而变化，你需要使系统模型与任何变化保持同步。

这些是安全委员会的一些长期成员，对在开发生命周期中，将威胁建模作为防御活动的实际应用表示担忧的原因[注4]。老实说，这些原因具有挑战性。

但不要害怕！安全社区是一群坚强的人，他们从不羞于接受挑战来解决现实世界中的问题，特别是那些导致你痛苦、煎熬和失眠的问题。自动化可以帮助解决这些问题（见图 4-1）。

图 4-1：非常小的 shell 脚本（来源：*https://oreil.ly/W0Lqo*）

使用自动化的难点在于系统的复杂性，以及程序无法做一些相对人脑可以做得更好的事情：模式识别[注5]。难点在于以计算机可以理解的方式表达系统，而不

注 4： "DtSR Episode 362—Real Security Is Hard"，Down the Security Rabbit Hole Podcast，*https://oreil.ly/iECWZ*。

注 5： Ophir Tanz，"Can Artificial Intelligence Identify Pictures Better than Humans"？*Entrepreneur*，2017 年 4 月，*https://oreil.ly/Fe9w5*。

需要实际创建系统。因此，可采用两种相关方法。

基于代码的威胁建模

用编程语言或新定义的领域特定语言（DSL）创建计算机代码，执行时，会
对代表所提供输入数据的模型进行威胁分析。

使用代码进行威胁建模（也称为代码中的威胁建模）

使用计算机程序解释和处理提供给它的信息，以识别威胁或漏洞。

只要解决了 GIGO 问题，这两种方法都是有效的。你得到的结果必须与自动化
的输入质量（系统及其属性的描述）有直接关系。这两种方法还要求分析中使
用的算法和规则是"正确的"，以便给定一组输入可以生成有效和合理的输出。
任何一种实现都可以消除对专业人才的需求，以解释系统模型并了解有关元素、
互连和数据的信息，从而识别潜在安全问题的指标。当然，这确实需要框架或
语言支持这种分析，并通过编程正确地进行分析。

我们将首先讨论以机器可读格式构建系统模型，然后介绍每种类型的自动化
威胁建模的理论，并提供实现它们的商业和开源项目。在本章后面（以及下一
章），我们将利用这些概念来提供有关进一步演进威胁建模技术的信息，这些技
术将努力在快速发展的 DevOps 和 CI/CD 世界中工作。

基本上，威胁建模依赖于信息的输入，这些信息包含足以供你分析的数据或编
码数据，使你能够识别威胁。当使用代码而不是人类智能来执行威胁建模时，
你需要描述要评估的系统（例如，组成系统的实体、数据流或事件序列，以及
支持分析和记录结果所需的元数据），应用程序将系统表示和处理结果进行呈现
和分析，并可选地将系统表示进行图表呈现。

4.2 基于代码的威胁建模

基于代码的威胁建模处理以机器可读形式存储的系统信息，以生成与缺陷、漏
洞和威胁相关的输出信息。它是基于一个数据库或一组它应该寻找的目标的规
则来实现的，并且需要对意外的输入具有弹性（因为这些类型的应用程序需要
输入数据进行解释）。换句话说，基于代码的威胁建模是一种解释性的方法，可
以创建一个系统模型，从中生成威胁。

基于代码的威胁建模也可以称为代码中的威胁建模，例如 Threatspec 的情况（见下文）。

 基于代码的威胁建模是一种思想的演变，结合了系统如何捕获、维护和处理信息以识别威胁的两个概念。代码中的威胁建模的想法来自 Izar 与 Fraser Scott（Threatspec 的创建者）的对话，他们讨论的概念是，代码模块可以在代码或其他文档中同时存储系统表示和威胁信息，并且可以在整个生命周期中进行维护。执行处理信息的工具可以输出有意义的数据。在基于代码的威胁建模中，威胁信息可以被编码，但需要通过一些有意义的信息进行关联。总体来说，这些范式构成了威胁建模这一不断发展的代码领域的基础，其中对各种来源数据的解释和操作是关键。

工作原理

在基于代码的威胁建模中，你使用程序（代码）来分析以机器可读格式创建的信息，该格式描述了系统模型、组件以及有关这些组件的数据。该程序解释输入的系统模型和数据，并使用威胁和缺陷分类法以及检测标准来：（a）识别潜在的发现；（b）产生对人类友好且可读的结果。通常，输出将是文本文档或 PDF 类型的报告。

Threatspec

Threatspec 是一个面向开发团队和安全实践者的开源项目。它提供了一种方便的方法来记录威胁信息和代码，允许你生成文档或报告，以支持知情的风险决策。Threatspec 由 Fraser Scott 编写和维护，具体信息在 *https://threatspec.org* 上。

 这类工具之所以被称为 Threatspec，是因为：

- 它确实需要代码存在。
- 它确实使威胁信息的记录变得更容易。
- 它不会自行进行分析或威胁检测。

使用 Threatspec 的一些好处包括以下几点：

- 通过使用代码注释为程序员带来安全性。

- 允许组织定义一个常见的威胁词汇和其他结构，以供开发团队使用。

- 促进威胁建模和分析的安全讨论。

- 自动生成详细和有用的文档，包括图表和代码片段。

另一方面，虽然 Threatspec 是一种优秀的工具，它为编码人员提供了一种用威胁信息注释代码的方法，从而使安全性更接近开发过程，但它有几个缺点需要记住。

首先，该工具首先需要代码存在，或者与注释一起创建，这可能意味着设计已经固化。在这种情况下，开发团队主要是创建安全文档，它具有很高的价值，但与威胁建模不同。实际上，对于这些类型的项目，威胁建模"向右移动"，这是错误的方向。

但是 Threatspec 文档确实清楚地表明，该工具最有效的使用环境是已经接受一切即代码的环境，例如 DevOps。对于这些环境，设计与代码开发的"鸡与蛋"问题并不存在。 Threatspec 最近还添加了无须编写代码即可记录威胁和注释的功能，方法是将这些信息放入可以解析的纯文本文件中。对于开发生命周期有更多结构或遵循更严格的系统工程实践的团队来说，这可能有助于减轻这种潜在的担忧。

其次，开发团队需要专家知识。团队需要专家的指导，了解什么是威胁，以及如何描述威胁。这意味着你不能直接解决可扩展性问题。正如工具文档中所描述的那样，这种方法有助于开发团队和安全人员之间的讨论或指导练习。但是这样做会进一步挑战可扩展性，因为这增加了安全专家的瓶颈。对开发团队进行广泛的培训可以克服这一障碍，或者在开发团队中嵌入安全性可能有助于促进更接近代码开发地点和时间的对话。

 将来，Threatspec 可能特别适合获取静态代码分析工具的输出，并根据代码的性质生成描述威胁的注释（而不仅仅是编码人员能够或愿意记录的内容）。由于 Threatspec 可以直接访问源代码，因此它可以作为增强功能进行安全验证，并在发现威胁、风险或缺陷时直接向源代码提供反馈。最后，将威胁扩展到功能安全和隐私领域，可以生成系统的安全性、隐私性和可靠性的全面视图。这在与合规官员或监管机构打交道时尤其重要（例如，对于 PCI-DSS 合规性、GDPR，或其他监管环境），还可以用于为后续活动提供根本原因或危害分析等指导。

你可以通过访问 *https://oreil.ly/NGTI8* 从 GitHub 上获取 Threatspec。它需要 Python 3 和 Graphviz 来运行和生成报告。Threatspec 的创建者 / 维护者活跃于安全社区，特别是 OWASP 的威胁建模工作组和 Threatspec 的 Slack 群，并鼓励对该工具做出贡献和反馈。

ThreatPlaybook 项目

ThreatPlaybook 是由 Abhay Bhargav 领导的 we45 人员带来的一个开源项目。它被称为" DevSecOps 框架（用于）协作威胁建模到应用程序安全测试自动化"。它面向开发团队，以提供方便的方式来记录威胁信息并推动安全漏洞检测和验证的自动化。ThreatPlaybook 具有稳定版本（V1）和 Beta 版本（V3），需要注意的是没有 V2 版本[注6]。

ThreatPlaybook 的专长是促进威胁建模信息的使用：

- 它使威胁信息的记录更容易。
- 它与其他安全工具连接，以编制和验证漏洞，如通过安全测试自动化。
- 它不会自行进行分析或威胁检测。

ThreatPlaybook 在 MongoDB 中使用 GraphQL，以及基于 YAML 的用例描述和具有描述性结构的威胁，以支持漏洞验证的测试编排。它还提供了完整的 API、功能强大的客户端应用程序和不错的报告生成器。对于测试自动化集成，它有两个选项：原始的 Robot 框架库[注7] 和在 V3 中它自己的测试编排框架功能。文档表明 ThreatPlaybook 通过 Robot 框架集成 OWASP 的 Zed Attack Proxy、PortSwigger 的 Burp Suite 和 npm-audit 等工具。

你可以通过 *https://oriel.ly/Z2DZd* 从 GitHub 或通过 Python 的 pip 实用程序获得 ThreatPlaybook。一个配套的网站（*https://oriel.ly/KVrxC*）有很好的文档和视频，尽管内容不多，但很好地解释了如何安装、配置和使用威胁手册。

注 6： 更多详细信息，请参阅 ThreatPlaybook 文档：*https://oreil.ly/lhSPc*。
注 7： 参见 Robot 框架（一个用于测试的开源框架）：*https://oreil.ly/GWGKP*。

4.3 使用代码进行威胁建模

与前面描述的 Threatspec 和 ThreatPlaybook 不同，它们是在系统开发生命周期中使用代码来促进威胁建模活动的示例，使用代码进行威胁建模采用架构或系统描述，其编码形式如前面描述的一种描述语言，并进行自动威胁识别和报告分析。遵循"with code"范例的实用工具是可以读取系统模型信息并生成有意义的结果的工具，这些结果封装了安全专业人员的知识和专业技能，并使安全专业人员能够在更大的开发社区中扩展。

4.3.1 工作原理

用户用编程语言编写程序，以构造系统及其组件的表示形式以及有关这些组件的信息。该程序以代码形式描述系统信息，并提供执行分析的约束条件。生成的过程使用一组 API（函数）对建模的系统状态和属性进行威胁分析。当编译和执行"源代码"（或根据使用的语言的具体情况进行解释）时，生成的程序会根据建模系统的特征和约束生成安全威胁发现。

创建模型而不在白板上绘制的概念至少从 1976 年就开始了，当时亚利桑那大学的教授 A. Wayne Wymore 出版了 *Systems Engineering Methodology for Interdisciplinary Teams*（Wiley）。这本书以及随后的其他书为基于模型的系统工程 (Model-Based Systems Engineering，MBSE) 技术领域奠定了基础。行业从 MBSE 中吸取的经验教训影响了第 1 章中引用的系统建模结构，以及我们将简要讨论的用于计算分析的描述系统的语言[注8]。

架构描述语言（Architecture Description Language，ADL）描述系统的表示。与 ADL 相关的是系统设计语言（SDL）。在 ADL 集合中，两种相关语言提供了构建和分析寻找安全威胁的系统模型的能力[注9]：

- 架构分析与设计语言（AADL）。

- 用于基于组件的系统建模的 ACME 描述语言。

注 8： A. Wayne Wymore 的自传可以在亚利桑那大学的网站上找到。

注 9： 有关 ADL 的调查可从 Stefan Bjornander 的 "Architecture Description Languages" 获得，*https://oreil.ly/AKo-w*。

在创建嵌入式和实时系统的系统模型时，系统工程使用 AADL，因为 AADL 更大、更具表现力。这一点在航空电子和汽车系统领域尤其如此，这些领域需要功能安全特征，即在涉及系统行为时保护人体健康和生命。ACME 的表现力较弱，因此更适用于复杂度较低或规模较小（由组件和交互的数量定义）的系统。ACME 也是一个免费提供的语言规范，而 AADL 需要付费获取许可证，不过有些培训材料是免费提供的，因此你可以熟悉该语言[注10]。

这些语言引入了系统和软件工程师今天仍然使用的简单概念。你可能会注意到与我们在第 1 章中描述的概念的相似之处。

组件

表示功能单元，如进程或数据存储。

连接器

在组件之间建立关系和通信管道。

系统

表示组件和连接器的特定配置。

端口

组件和连接器之间的相互作用点。

角色

对系统中元素的功能提供有用的见解。

属性或注释

提供有关可用于分析或记录的每个构造的信息。

 在 ACME 和 AADL 中，端口作为对象和流之间的连接点存在。我们对建模技术的讨论使用了这个概念，包括通过绘图和手动分析技术，以及通过使用具有属性的对象的自动化方法。我们建议将其作为对传统 DFD（如第 1 章所述）的增强，以提高系统模型的可读性。这一概念还支持将架构约束或功能纳入系统模型，因为对于具有多个数据流

注 10： "AADL Resource Pages"，Open AADL，*http://www.openaadl.org*。

且更难分析的复杂系统，仅在数据流上保留协议或保护方案并不容易处理。使用端口有助于分析和呈现图表。

用于威胁建模的极简架构描述语言

描述和分析系统模型需要以下信息：

- 系统中存在的实体。

- 这些实体如何交互——哪些元素通过数据流相互连接？

- 元素和数据流的特征。

这些是描述系统模型的核心需求，以便自动化能够识别表示潜在缺陷和威胁的模式。更具体地说，描述系统的语言或构造必须允许你指定基本的实体关系，并描述元素（以及元素集合）、端口和数据流的核心单元。

此外，应该在对象的属性中包含元数据系统及其元素的"是谁""是什么"和"为什么"等信息。当你构建系统的表示形式时，有多种原因需要这样做，因为元数据执行以下操作：

- 元数据提供背景信息，这些信息有助于识别安全控制和流程中的漏洞，并生成开发团队将使用的报告或文档。此元数据包括系统模型中对象的名称、应用程序或流程名称、谁或哪个团队负责实现和维护，以及对象在系统中的一般用途等信息。

- 为每个对象分配一个简短的标识符，以便于将来参考，并便于记录和绘制图表。

- 允许你提供特定信息，例如所考虑的系统保存或存储的数据的价值（财务价值或数据对系统用户的重要性）。你还应提供系统功能提供的价值、系统支持风险识别和优先级划分的程度，以及记录所需的其他信息。这些信息对于识别安全问题不是绝对必要的，但在执行风险评估、优先级排序和报告时，应该认为是必要的。

元素和集合

对象连接到系统中的其他对象，并具有与威胁分析相关的属性，这些对象称为元素。元素可以表示进程、对象或个体（行为者），还表示系统中的数据。数据与元素或数据流相关联（详细信息，请参阅后续内容中的"数据和数据流"）。

集合是元素的一种特殊形式。集合形成元素的抽象关系分组（并通过扩展其数据流或任意孤立元素或端口），以建立通用性或用于分析的参考点。它们允许你创建一组项目的表示，其中组的价值或目的在某种程度上对你很重要。分组可以为独立于组成员的分析提供信息——如果某些元素作为组的一部分运行或存在，这可能会提供有关其共享功能的线索，而每个元素本身不会指示这些线索。推荐的集合包括以下内容。

系统

这允许你指示一组元素包含更大的复合元素的成员。出于绘图的目的，以及为了以不同程度的粒度进行分析，系统既可以表示为集合，也可以表示为元素。正如我们在第 1 章中所讨论的，在绘制系统模型时，存在一个从元素开始并将其分解为其代表部分的过程。回想一下，在创建上下文或初始层时，显示系统的主要组件，单个形状用于表示子组件部分的集合。当以更高的特异性绘制（即放大）时，代表部分变得个性化。在使用描述语言创建系统模型时，需要单独指定具有代表性的部分，并且为方便起见，将它们组合在一起（通常会分配一个共享标签或关系指示符）。

执行上下文

在分析过程中，能够说明流程执行的上下文或数据单元的范围至关重要。使用执行上下文集合将进程等事物与其他事物（如虚拟或物理 CPU、计算节点、操作系统等）在其运行的范围内相关联。了解这一点有助于你识别跨上下文问题和其他滥用机会。

信任边界

元素的集合可能是纯粹抽象或任意的，不需要物理或虚拟的邻接，这对你来说才有意义。在系统模型中定义对象时，并非所有的系统组件都是已知的。因此，能够将一组元素关联为共享信任关系的集合，或者它们与不在集合中的其他元素之间的信任发生变化，这会很有帮助。

与节点（元素的另一个名称）相关的信息被编码为对象的属性或特征，并为分析和文档提供关键信息。为了支持正确的系统模型检查和威胁分析，元素需要具有基本属性[注 11]。下面是一个代表性示例：

注 11：　在一个系统中有许多可能的方法来表示对象，这显示了基于我们研究的一组理想化或代表性的属性。该列表已被修改，以便放置在本文中，*https://oreil.ly/Vdiws*。

```
Element:
  contains        ❶
  exposes         ❷
  calls           ❸
  is_type:        ❹
    - cloud.saas
    - cloud.iaas
    - cloud.paas
    - mobile.ios
    - mobile.android
    - software
    - firmware.embedded
    - firmware.kernel_mod
    - firmware.driver
    - firmware
    - hardware
    - operating_system
    - operating_system.windows.10
    - operating_system.linux
    - operating_system.linux.fedora.23
    - operating_system.rtos
  is_containerized              ❺
  deploys_to:
    - windows
    - linux
    - mac_os_x
    - aws_ec2
  provides
    - protection                ❻
    - protection.signed
    - protection.encrypted
    - protection.signed.cross   ❼
    - protection.obfuscated
  packaged_as:                  ❽
    - source
    - binary
    - binary.msi
    - archive
  source_language:              ❾
    - c
    - cpp
    - python
  uses.technology:              ❿
    - cryptography
    - cryptography.aes128
    - identity
    - identity.oauth
    - secure_boot
    - attestation
  requires:                     ⓫
    - assurance
    - assurance.privacy
    - assurance.safety
    - assurance.thread_safety
    - assurance.fail_safe
    - privileges.root
    - privileges.guest          ⓬
```

```
metadata:                                ⑬
  - name
  - label
  - namespace
  - created_by
  - ref.source.source                    ⑭
  - ref.source.acquisition               ⑮
  - source_type.internal                 ⑯
  - source_type.open_source
  - source_type.commercial
  - source_type.commercial.vendor
  - description                          ⑰
```

❶ 与此元素连接的元素（例如，对于系统的系统）的列表、数组或字典，其中可能包含数据。

❷ 端口节点列表。

❸ 一个元素到另一个元素，建立一个数据流。

❹ 元素具有类型（泛型或特定）。

❺ 布尔特征可以是 True 或 False，或（set）或（unset）。

❻ 通用保护方案。

❼ 支持使用 Microsoft Authenticode 交叉签名。

❽ 使用的元素是什么形式？

❾ 如果系统是软件或包含软件，则使用哪种语言？

❿ 组件使用的特定技术或功能。

⓫ 组件需要或假设存在什么？

⓬ 仅设置适用的值。注意属性冲突。

⓭ 报告、引用和其他文档的常规信息。

⓮ 引用源代码或文档所在的位置。

⓯ 引用此组件的来源（可能是项目站点）。

⓰ 此组件是内部来源。

⓱ 用户定义的任意信息。

元素应支持与其他实体或对象的特定关系：

- 元素可以包含其他元素。

- 元素可以暴露端口（端口将在下一节中描述）。

  ◆ 端口与数据相关联。

- 元素可以通过端口连接到其他元素，建立数据流。

- 一个元素可以调用另一个元素（例如，当可执行文件调用共享库时）。

- 元素可以读取或写入数据（在后文的"数据和数据流"一节中描述了数据对象）。

端口

端口提供了节点之间发生交互的入口点或连接点。端口由节点（尤其是代表进程的节点）公开，并与协议相关联。端口还识别安全性要求，例如，在通过端口的后续通信中对安全性的任何期望。端口提供的方法保护公开的通信信道，其中一些方法来自公开端口的节点（例如，为受 TLS 保护的通信打开端口的节点）或来自端口本身（例如，对于物理安全接口）。

为了便于计算机程序的使用和可读性[注 12]，必须按照协议来识别和隔离通信流。由于不同的协议可能会提供不同的配置选项，从而影响设计的整体安全性，因此请尽量避免通信流过载。例如，允许 RESTful 交互的 HTTPS 服务器以及通过同一服务和同一端口的 WebSocket 应该使用两个通信流。同样，通过同一接口同时支持 HTTP 和 HTTPS 的进程应该在具有不同通信信道的模型中描述。这将有助于分析系统。

与端口相关的属性可能包括：

```
Port:
  requires:              ❶
    - security           ❷
    - security.firewall  ❸
  provides:              ❹
    - confidentiality
    - integrity
    - qos
    - qos.delivery_receipt
  protocol:              ❺
    - I2C
```

注 12： 与任何好的代码一样，简单是最好的，以使程序可以理解地流向"下一个维护者"。

```
        - DTLS
        - ipv6
        - btle            ❻
        - NFS             ❼
    data:                 ❽
        - incoming        ❾
        - outbound        ❿
        - service_name    ⓫
        - port            ⓬
    metadata:             ⓭
        - name
        - label
        - description     ⓮
```

❶ 这个端口需要或期望什么？

❷ 设置后，这意味着需要某种形式的安全机制来保护端口。

❸ 此端口必须有防火墙来保护（作为一个特定的安全保护示例）。

❹ 该端口提供哪些功能？

❺ 端口使用什么协议[注13]？

❻ 低功耗蓝牙技术。

❼ 网络文件系统。

❽ 什么数据与此端口关联？

❾ 与此端口通信的数据（数据节点、列表）。

❿ 从此端口传输的数据（数据节点、列表）。

⓫ 描述公开的服务，特别是如果此对象表示已知的服务[注14]。

⓬ 数字端口号（如果已知）（不是临时的）。

⓭ 报告、引用和其他文档的一般信息。

⓮ 任意用户定义信息。

数据和数据流

数据流（有关数据流的示例，请参见第 1 章）有时称为边，因为它们在图中成为连接线[注15]。数据流是数据对象在元素之间（以及通过端口）移动的路径。

注 13： 对于不熟悉 I2C 的读者，请参阅 Scott Campbell 的 "Basics of the I2C Communication Protocol" 电路基础知识页。

注 14： 参见 "Service Name and Transport Protocol Port Number Registry"，IANA，*https://oreil.ly/1XktB*。

注 15： 关于边和图的讨论，参见 Victor Adamchik 的 "Graph Theory"，*https://oreil.ly/t0bYp*。

你可能想知道为什么从数据流中分离数据很重要或有用。答案是，通信信道通常只是一条路径或管道，任意信息可以在其上传播，类似于高速公路。数据信道本身通常没有关于流经它的数据的敏感性的上下文。它也没有任何业务价值、关键性或其他可能影响其使用或保护要求的因素。通过使用数据节点并将它们与数据流相关联，可以创建一个抽象，该抽象表示在数据流之间传递不同类型数据的系统。

这可能很明显，但你应该将通过数据流的数据的最严格分类指定为数据流本身的数据分类，因为这将驱动对数据流的要求，以保护在其中通过的数据。这允许系统表示被模板化以支持变量分析，这意味着测试与数据流相关联的各种数据组合以预测何时可能出现安全问题。

以下是数据的一些建议属性：

```
Data:
  encoding:
    - json
    - protobuf
    - ascii
    - utf8
    - utf16
    - base64
    - yaml
    - xml
  provides:
    - protection.signed
    - protection.signed.xmldsig
    - protection.encrypted
  requires:
    - security
    - availability
    - privacy
    - integrity
  is_type:                          ❶
    - personal
    - personal.identifiable         ❷
    - personal.health              ❸
    - protected
    - protected.credit_info         ❹
    - voice
    - video
    - security
  metadata:                         ❺
    - name
    - label
    - description                   ❻
```

❶　此对象表示的数据类型。

❷ 个人识别信息（PII）。

❸ 受保护的健康信息（PHI）。

❹ PCI-DSS 保护的数据。

❺ 报告、引用和其他文档的一般信息。

❻ 任意用户定义信息。

公开端口的服务定义数据流的功能和属性（数据流继承端口表示的属性）。数据流可能仍然受益于元数据，允许它们在生成图表或报告时区分每个流。

其他模型描述语言

为了充实你的知识，让我们来讨论一些其他语言，其中一些属于 SDL 范畴。如果你有兴趣，我们鼓励你去调查。

公共信息模型（Common Information Model，CIM）是一种分布式管理任务组（DMTF）标准，用于在详细的粒度级别表示计算系统及其属性。你可以使用 CIM 以及用于 Linux 系统的 SBLIM 等变体来了解和记录系统配置，以执行策略编排和配置管理等任务。有关注释系统模型时使用的数据类型的指南，请查看 CIM 为规范描述的系统提供的可用属性列表。

统一建模语言（Unified Modeling Language，UML）是一种对象管理组（Object Management Group，OMG）标准，非常倾向于描述以软件为中心的系统。你可能已经熟悉 UML，序列图（我们在第 1 章中讨论过）是 UML 规范的一部分。最近，学术层面的研究表明，在识别威胁时，UML 更多地用于软件系统的描述，而不是用于识别这些威胁的分析[16]。

系统建模语言（SysML）也是 OMG 标准。UML 的这个变体被设计成比 UML 更直接地适用于系统工程（而不是纯粹的软件）。SysML 向 UML 添加了两种图表类型，并稍微修改了其他几种图表类型以删除特定于软件的结构，但总体上将可用图表从 13 个减少到 9 个[17]。理论上，这使得 SysML "更轻量"。依赖高

注 16： Michael N.Johnstone，"Threat Modelling with Stride and UML"，澳大利亚信息安全管理会议，2010 年 11 月，*https://oreil.ly/QVU8c*。

注 17： "What is the Relationship Between SysML and UML？" SysML 论坛，2020 年 10 月访问，*https://oreil.ly/xL7l2*。

度结构化的系统工程过程的公司和组织（当然还有学术界）已经发布了关于如何应用 SysML 对系统进行威胁建模的案例研究，尽管在撰写本文时，显示威胁分析自动化的案例研究还较为有限[注18、注19]。

UML 和 SysML 中可用的系统模型或抽象类型以及与之相关联的数据是威胁建模领域应用的关键，尤其是通过代码进行威胁建模。两者都提供了指定对象和交互的方法，以及有关这些对象和交互的参数。两者都使用 XML 作为数据交换格式。XML 被设计成由计算机应用程序处理，这使得它非常适合创建可以分析威胁的系统模型。

图形和元数据分析

让我们考虑一下如图 4-2 所示的简单示例。

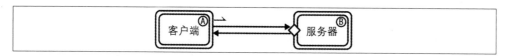

图 4-2：简单的客户端 / 服务器系统模型

这些注释与图 4-2 中的系统图一起出现：

- 客户端用 C 语言编写，并在端口 8080 上调用服务器，以验证客户端的用户。

- 服务器检查内部数据库，如果客户端发送的信息与预期相符，服务器将向客户端返回授权令牌。

戴上安全帽（如果你需要温习身份验证和其他适用缺陷，请参阅第 0 章），并识别此简单系统模型中的安全问题[注20]。现在，想想你是如何得出结论的。你可能查看了系统模型，看到了作为注释提供的信息，并确定了潜在的威胁。你对存储在内存中的威胁信息数据库进行了模式分析。这是开发团队的安全顾问经常做的事情，也是可扩展性的挑战之一——没有足够的"内存"和"计算能力"。

这种模式分析和推断对人脑来说很容易做到。只要有正确的知识，我们的大脑

注 18：Aleksandr Kerzhner 等人，"Analyzing Cyber Security Threats on Cyber-Physical Systems Using Model-Based Systems Engineering"，*https://oreil.ly/0ToAu*。

注 19：Robert Oates 等人，"Security-Aware Model-Based Systems Engineering with SysML"，*https://oreil.ly/lri3g*。

注 20：提示：使用此系统模型至少会带来 5 种潜在威胁，如欺骗和窃取凭证。

就可以很容易地看到模式并做出推断。我们甚至有一种潜意识，允许我们对自己的分析有"直觉"。我们与事物之间的联系似乎是随机的和模棱两可的。我们甚至不能处理大脑在工作时所采取的所有步骤，我们的思想"只是发生的"。计算机不像我们的大脑做事情很快，但它们需要意识到每一步和每一个需要的过程。计算机不能推断或假设。所以，计算机需要编程来完成。

那么，计算机程序如何分析这种情况呢？

首先，你需要开发一个分析框架。这个框架必须能够接受（来自模型的）输入，并进行模式分析、推断、建立联系，偶尔进行猜测，以产生一个人类可以解释为有意义的结果。准备好开始人工智能了吗？

事实上，这并不是一个很大的挑战。基本方法很简单：

1. 创建一个用信息描述系统表示的格式，类似 ADL。
2. 创建一个程序来解释系统模型信息。
3. 根据一组规则扩展程序并执行分析，这些规则控制系统模型中存在的信息模式。

让我们再来看看这个简单的例子，如图 4-3 所示。

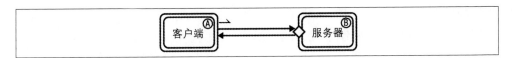

图 4-3：简单客户端／服务器系统模型再探讨

现在，让我们使用本章前面的理想化描述语言来描述系统模型中的信息。为了在系统模型中清楚地引用每个对象，我们为每个对象使用占位符标识符，并将属性连接到该标识符：

```
# Describe 'Node1' (the client)
Node1.name: client
Node1.is_type: software
Node1.source_language: c
Node1.packaged_type: binary

# Describe 'Node2' (the server)
Node2.name: server
Node2.is_type: software

# Describe 'Node3' (an exposed port)
```

```
Node3.is_type: port
Node3.port: 8080
Node3.protocol: http

# Establish the relationships
Node2.exposes.port: Node3
Node1.connects_to: Node3

# Describe the data that will be passed on the channel
Data1.is_type: credential
Data1.requires: [confidentiality, integrity, privacy]
Data1.metadata.description: "Data contains a credential to be checked by
the server"

Data2.is_type: credential
Data2.requires: [confidentiality, integrity]
Data2.metadata.description: "Data contains a session token that gives/
 authorization to perform actions"

Node3.data.incoming = Data1
Node3.data.outbound = Data2
```

现在，很明显，在前面的例子中，你可能会注意到一个或两个问题。人脑能够推断出这些属性的含义以及系统可能的样子。在第 3 章中，你学习了如何确定示例系统中可能存在的一些漏洞。

但是计算机程序如何完成同样的任务呢？要做到这一点，它需要一套规则和结构，将信息拼凑在一起，以获得分析所需的结果。

构建规则意味着查看可用的威胁源，并识别揭示威胁的"指标"。CWE 架构概念列表或 CAPEC 攻击机制是优秀的资源库。

 你可能已经注意到，本书中我们多次引用 CWE 和 CAPEC 数据库。我们特别喜欢使用这些资源作为中心资源，因为它们是开放的、公开的，并且充满了安全社区专家提供的可消费和适用的信息。

让我们看看规则的两个可能来源：

- CWE-319：敏感信息的明文传输。

- CAPEC-157：嗅探攻击。

CWE-319 告诉我们，当"软件在通信信道中以明文形式传输敏感或安全关键数据，未经授权的行为者可以嗅探到这些数据"时，就会出现缺陷。通过这个简单的描述，你应该能够识别系统中存在潜在威胁所需的指标：

- 过程：执行一个动作。

- "传输"：软件单元与另一个组件通信。

- "敏感或安全关键数据"：对攻击者有价值的数据。

- 无加密：在通道上保护数据包或直接保护数据包（需要存在其中一种情况）。

- 影响：保密。

CAPEC-157 将针对敏感信息的攻击描述为"在这种攻击模式中，敌人截获两个第三方之间传输的信息。敌人必须能够观察、读取或听到通信流量，但不一定会阻止通信或更改其内容。如果敌人能够检查发送者和接收者之间的内容，理论上任何传输介质都可以被嗅探到"。通过此描述，我们可以获得攻击者如何执行此攻击的详细信息：

- 截获双方（端点）之间的通信量。

- 攻击是被动的，不需要修改或拒绝服务。

- 攻击者（行为者）需要访问通信信道。

因此，通过这两个描述，我们可以考虑以下统一规则（在文本中）：

- 源端点与目标端点通信。

- 端点之间的数据流包含敏感数据。

- 数据流不受保密保护。

系统中存在这些条件的影响将使恶意行为者能够通过嗅探获取敏感数据。

识别此模式并指示存在威胁的条件的代码可能如下（在伪代码中，减去所有安全检查）：

```
def evaluate(node n, "Threat from CWE-319"):
    if n.is_type is "software":
        for i in range(0, len(n.exposes)):
            return (n.exposes[i].p.data.incoming[0].requires.security)
            and
            (n.exposes[i].p.provides.confidentiality)
```

这是一个非常简单的例子，说明了工具或自动化可以满足什么要求。执行这种模式匹配的更有效的算法当然存在，但希望这个示例能让你了解威胁建模如何使用代码来执行自动威胁检测。

虽然用代码进行威胁建模是一个非常巧妙的技巧，但用代码进行威胁建模可能会使该技术更易于访问。在这个范例中，不是使用代码来帮助管理威胁信息，也不是使用程序来分析模型（"用代码"）的文本描述来匹配结构和规则以确定威胁，而是编写一个实际的程序，在执行时，执行威胁建模分析并"自动"呈现。

为了实现这一点，程序的作者需要创建程序逻辑和 API 接口来描述元素、数据流以及用于分析它们的规则。然后开发者使用 API 创建可执行程序。程序代码的执行（带或不带预编译，取决于 API 的语言选择）导致以下基本步骤：

1. 翻译描述对象的指令，以构建系统的表示（例如，图形、属性数组或程序内部的其他表示）。

2. 加载一组规则。

3. 根据规则集遍历执行模式匹配的对象的图形，以识别结果。

4. 根据模板生成结果，用于将图形绘制为人类可读的图表，并输出结果的详细信息。

编写代码自动生成威胁信息有以下好处：

• 作为一名编码人员，你已经习惯于编写代码，因此这为你提供了一个机会，让你可以根据自己的条件开展工作。

• 使用代码进行威胁建模与使用代码或 DevOps 进行一切的哲学保持一致。

• 作为开发者，你可以检查代码并在已经习惯的工具中对其进行修订控制，这将有助于信息的采用和管理。

• 如果构建的 API 和库包含安全专业人员的知识和专业技能，支持动态加载分析规则的能力，则同一程序可以服务于多个领域。当新的研究或威胁情报揭示新的威胁时，程序可以重新分析以前在代码中描述的系统，因此它们总是最新的，无须更改模型或重新进行任何工作。

然而，这种方法也有一些缺点需要考虑：

• 开发者已经每天编写代码，为企业或客户提供价值。编写额外的代码来记录架结构似乎是一个额外的负担。

- 现在有这么多编程语言可用，找到使用（或支持与）开发团队使用的语言集成的代码包存在挑战。
- 开发者作为代码的保管者，需要理解面向对象编程和函数（以及调用约定等）等概念。

这些挑战并非不可克服。然而，基于代码的威胁建模还不成熟。我们可以为代码模块和 API 提供的最好的例子是 pytm，用于基于代码的威胁建模。

4.3.2 pytm 工具

我们真诚希望参与开发的个人能够立即获得可帮助他们在安全软件开发生命周期中进一步发展其安全能力的信息。这就是为什么我们谈论培训、"像黑客一样思考"的挑战、攻击树和威胁库、规则引擎和图表。

作为经验丰富的安全实践者，我们听到过许多来自开发团队的反对使用威胁建模工具的论点："它太沉重了！""它不是平台无关的我在 X 中工作，而工具只在 Y 中工作！""我没有时间再学习一个应用程序，而这个应用程序需要我学习一个全新的语法！"。除了有很多感叹号，这些声明中的一个常见模式是，程序员被要求跳出他们的舒适区，在工具箱中增加一项技能，或者中断熟悉的工作流程，添加一个无关的过程。所以，我们心想，如果我们尝试将威胁建模过程近似为编码人员已经熟悉的过程呢？

正如在持续威胁建模（我们将在第 5 章中深入描述）中所看到的，依赖于开发团队已经知道的工具和流程有助于在流程中创建通用性和信任。你已经习惯了每天使用它们。

然后我们看到了自动化。威胁建模的哪些方面给开发团队带来了最大的挑战？通常的嫌疑犯会挺身而出：识别威胁、绘制图表和注释，并尽可能地保持威胁模型（以及系统模型）的最新状态。我们对描述语言开玩笑，但它们属于"团队还有一件事要学"的范畴，在开发过程中，它们的应用感觉很沉重，而团队则试图使其更轻松。我们如何帮助开发团队实现其（效率 / 可靠性）目标，并实现我们的安全教育目标？

然后我们想到：为什么不用一种面向对象的方式将系统描述为对象的集合，使用一种常见的、容易访问的、现有的编程语言，并从这种描述中生成图表和威胁呢？在 Python 中添加就可以了，我们有一个用于威胁建模的 Pythonic 库。

pytm 在其诞生的第一年就吸引了威胁建模社区中的许多人，你可以在 *https://oreil.ly/nuPja*（和 *https://oreil.ly/wH-Nl*，一个 OWASP 孵化器项目）了解。在我们的公司和其他公司内部采用，Jonathan Marcil 在 OWASP Global AppSec DC 等热门安全会议上的会谈和研讨会，以及在开放安全峰会上的讨论，甚至在 Trail of Bits 公司的 Kubernetes 威胁模型中使用，都表明我们正朝着正确的方向前进！

 pytm 是一个开源库，从包括该工具的共同创建者 Nick Ozmore 和 Rohit Shambhuni 在内的个人讨论、工作和补充中获益匪浅。Pooja Avhad 和 Jan 负责许多中心补丁和改进。我们期待社会各界积极参与，使之更好。

以下是使用 pytm 的示例系统说明：

```
#!/usr/bin/env python3   ❶


from pytm.pytm import TM, Server, Datastore, Dataflow, Boundary, Actor, Lambda   ❷


tm = TM("my test tm")   ❸
tm.description = "This is a sample threat model of a very simple system - a /
web-based comment system. The user enters comments and these are added to a /
database and displayed back to the user. The thought is that it is, though /
simple, a complete enough example to express meaningful threats."

User_Web = Boundary("User/Web")   ❹
Web_DB = Boundary("Web/DB")

user = Actor("User")   ❺
user.inBoundary = User_Web   ❻

web = Server("Web Server")
web.OS = "CloudOS"
web.isHardened = True   ❼

db = Datastore("SQL Database (*)")
db.OS = "CentOS"
db.isHardened = False
db.inBoundary = Web_DB
db.isSql = True
db.inScope = False

my_lambda = Lambda("cleanDBevery6hours")
```

```
my_lambda.hasAccessControl = True
my_lambda.inBoundary = Web_DB

my_lambda_to_db = Dataflow(my_lambda, db, "(&lambda;)Periodically cleans DB")  ❽
my_lambda_to_db.protocol = "SQL"
my_lambda_to_db.dstPort = 3306

user_to_web = Dataflow(user, web, "User enters comments (*)")
user_to_web.protocol = "HTTP"
user_to_web.dstPort = 80
user_to_web.data = 'Comments in HTML or Markdown'
user_to_web.order = 1   ❾

web_to_user = Dataflow(web, user, "Comments saved (*)")
web_to_user.protocol = "HTTP"
web_to_user.data = 'Ack of saving or error message, in JSON'
web_to_user.order = 2

web_to_db = Dataflow(web, db, "Insert query with comments")
web_to_db.protocol = "MySQL"
web_to_db.dstPort = 3306
web_to_db.data = 'MySQL insert statement, all literals'
web_to_db.order = 3

db_to_web = Dataflow(db, web, "Comments contents")
db_to_web.protocol = "MySQL"
db_to_web.data = 'Results of insert op'
db_to_web.order = 4

tm.process()   ❿
```

❶ pytm 是 Python 3 库。没有 Python 2 版本可用。

❷ 在 pytm 中，一切都是围绕元素的。特定元素是 Process、Server、Data-store、Lambda、（信任）Boundary 和 Actor。TM 对象包含关于威胁模型以及处理能力的所有元数据。仅导入你的威胁模型将使用的内容，或将 Element 扩展到你自己的特定元素中（然后与我们共享！）。

❸ 我们实例化一个包含所有模型描述的 TM 对象。

❹ 这里我们实例化一个信任边界，我们将使用它来分隔模型中不同的信任区域。

❺ 我们还实例化了一个泛型行为者来表示系统的用户。

❻ 我们立刻把它放在信任边界的正确一边。

❼ 每个特定元素都具有影响可能产生的威胁的属性。它们都有共同的默认值，我们只需要更改系统特有的值。

❽ Dataflow 元素链接两个先前定义的元素，并携带有关信息流、使用的协议和正在使用的通信端口的详细信息。

❾ 除了通常的 DFD 之外，pytm 还知道如何生成序列图。通过向 Dataflow 添

加 .order 属性，可以以一种一旦以该格式表示就有意义的方式组织它们。

❿ 声明了所有元素及其属性之后，调用 TM.process() 执行命令行中所需的操作。

除了逐行分析，我们可以从这段代码中学到的是，每个威胁模型都是一个单独的脚本。这样，一个大型项目就可以使 pytm 脚本保持较小的规模，并与它们所表示的代码保持同一位置，这样就可以更容易地保持更新和版本控制。当系统的某个特定部分发生更改时，只有该特定威胁模型需要编辑和更改。这将重点放在对更改的描述上，并避免因编辑一大块代码而可能出现的错误。

通过 process() 调用，每个 pytm 脚本都具有相同的命令行开关和参数集：

```
tm.py [-h] [--debug] [--dfd] [--report REPORT] [--exclude EXCLUDE] [--seq] /
[--lis] [--describe DESCRIBE]

optional arguments:
  -h, --help              show this help message and exit
  --debug                 print debug messages
  --dfd                   output DFD (default)
  --report REPORT         output report using the named template file /
(sample template file is under docs/template.md)
  --exclude EXCLUDE       specify threat IDs to be ignored
  --seq                   output sequential diagram
  --list                  list all available threats
  --describe DESCRIBE     describe the properties available for a given element
```

值得注意的是 --dfd 和 --seq：它们以 PNG 格式生成图表。DFD 是由 pytm 用 Dot 语言（Graphviz 使用的格式）和 PlantUML 使用的序列图生成的，且具有多平台支持属性。中间格式是文本格式，因此你可以进行修改，布局由相应的工具而不是 pytm 控制。通过这种方式，每个工具都可以专注于它最擅长的方面[注21]。

详见图 4-4 和图 4-5。

能够以代码的速度绘制图表已被证明是 pytm 的一个有用特性。我们已经看到在最初的设计会议上，有人草草写下代码来描述正在运行的系统。pytm 允许团队成员在离开威胁建模环节时对他们的想法进行功能性表达，这种表达与白板上的绘图具有相同的价值，但可以立即共享、编辑和协作。这种方法避免了白板的所有缺陷（"有人看到标记吗？不，黑色标记！""你能把相机移一下吗？眩光隐藏了视图的一半""Sarah 负责将图形转换为 Visio 文件。等等，莎拉是谁？"，以及可怕的"请勿擦除"标志）。

注 21： Graphviz 有适用于所有主要操作系统的软件包。

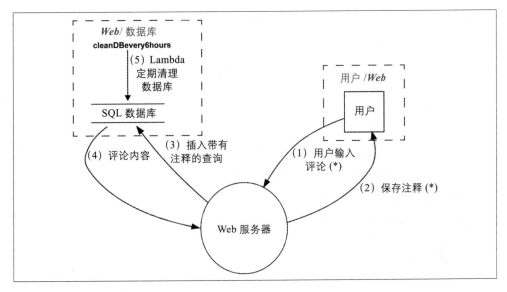

图 4-4：DFD 表示示例代码

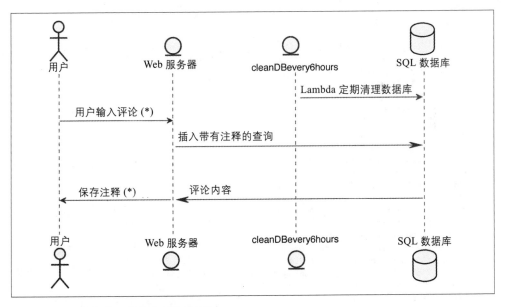

图 4-5：相同的代码，现在表示为序列图

但是，尽管所有这些都很有价值，但如果威胁建模工具不能很好地揭示威胁，那就太无用了。pytm 确实具有这种能力，但需要注意的是：在其开发的这个阶段，我们更关心的是识别初始能力，而不是详尽地识别出所有威胁。该项目从与本章描述的 Microsoft 威胁建模工具的功能大致平行的威胁子集开始，并添加了一些与 lambda 相关的威胁。目前，pytm 基于 CAPEC 的一个子集识别 100 多

种可检测威胁。你可以在这里看到 pytm 能够识别的一些威胁（并且可以使用
--list 开关列出所有威胁）：

```
INP01 - Buffer Overflow via Environment Variables
INP02 - Overflow Buffers
INP03 - Server Side Include (SSI) Injection
CR01 - Session Sidejacking
INP04 - HTTP Request Splitting
CR02 - Cross Site Tracing
INP05 - Command Line Execution through SQL Injection
INP06 - SQL Injection through SOAP Parameter Tampering
SC01 - JSON Hijacking (aka JavaScript Hijacking)
LB01 - API Manipulation
AA01 - Authentication Abuse/ByPass
DS01 - Excavation
DE01 - Interception
DE02 - Double Encoding
API01 - Exploit Test APIs
AC01 - Privilege Abuse
INP07 - Buffer Manipulation
AC02 - Shared Data Manipulation
DO01 - Flooding
HA01 - Path Traversal
AC03 - Subverting Environment Variable Values
DO02 - Excessive Allocation
DS02 - Try All Common Switches
INP08 - Format String Injection
INP09 - LDAP Injection
INP10 - Parameter Injection
INP11 - Relative Path Traversal
INP12 - Client-side Injection-induced Buffer Overflow
AC04 - XML Schema Poisoning
DO03 - XML Ping of the Death
AC05 - Content Spoofing
INP13 - Command Delimiters
INP14 - Input Data Manipulation
DE03 - Sniffing Attacks
CR03 - Dictionary-based Password Attack
API02 - Exploit Script-Based APIs
HA02 - White Box Reverse Engineering
DS03 - Footprinting
AC06 - Using Malicious Files
HA03 - Web Application Fingerprinting
SC02 - XSS Targeting Non-Script Elements
AC07 - Exploiting Incorrectly Configured Access Control Security Levels
INP15 - IMAP/SMTP Command Injection
HA04 - Reverse Engineering
SC03 - Embedding Scripts within Scripts
INP16 - PHP Remote File Inclusion
AA02 - Principal Spoof
CR04 - Session Credential Falsification through Forging
DO04 - XML Entity Expansion
DS04 - XSS Targeting Error Pages
SC04 - XSS Using Alternate Syntax
CR05 - Encryption Brute Forcing
AC08 - Manipulate Registry Information
DS05 - Lifting Sensitive Data Embedded in Cache
```

如前所述，pytm 用于定义威胁的格式正在进行修订，以适应更好的规则引擎并提供更多信息。目前，pytm 将威胁定义为 JSON 结构，格式如下：

```
{
    "SID":"INP01",
    "target": ["Lambda","Process"],
    "description": "Buffer Overflow via Environment Variables",
    "details": "This attack pattern involves causing a buffer overflow through/
manipulation of environment variables. Once the attacker finds that they can/
modify an environment variable, they may try to overflow associated buffers./
This attack leverages implicit trust often placed in environment variables.",
    "Likelihood Of Attack": "High",
    "severity": "High",
    "condition": "target.usesEnvironmentVariables is True and target.sanitizesInp
ut is False and target.checksInputBounds is False",
    "prerequisites": "The application uses environment variables.An environment/
variable exposed to the user is vulnerable to a buffer overflow.The vulnerable/
environment variable uses untrusted data.Tainted data used in the environment/
variables is not properly validated. For instance boundary checking is not /
done before copying the input data to a buffer.",
    "mitigations": "Do not expose environment variables to the user.Do not use /
untrusted data in your environment variables. Use a language or compiler that /
performs automatic bounds checking. There are tools such as Sharefuzz [R.10.3]/
which is an environment variable fuzzer for Unix that support loading a shared/
library. You can use Sharefuzz to determine if you are exposing an environment/
variable  vulnerable to buffer overflow.",
    "example": "Attack Example: Buffer Overflow in $HOME A buffer overflow in
sccw allows local users to gain root access via the $HOME
environmental variable. Attack Example: Buffer Overflow in TERM A
buffer overflow in the rlogin program involves its consumption of
the TERM environment variable.",
    "references": "https://capec.mitre.org/data/definitions/10.html, CVE-1999-090
6, CVE-1999-0046, http://cwe.mitre.org/data/definitions/120.html, http://cwe.mit
re.org/data/definitions/119.html, http://cwe.mitre.org/data/definitions/680.html
"
},
```

目标字段描述威胁所针对的可能元素的单个或元组。条件字段是一个布尔表达式，根据目标元素的属性值计算为 True（威胁存在）或 False（威胁不存在）。

有趣的是，使用 Python 的 eval() 函数在某个条件下对布尔表达式求值会给系统带来一个可能的漏洞。例如，如果 pytm 安装在系统范围内，但威胁文件的权限过于宽松，任何用户都可以编写新的威胁，攻击者就可以编写并添加自己的威胁 Python 代码作为一个威胁条件，它将很乐意以运行脚本的用户的权限执行。我们的目标是在不久的将来解决这一问题，但在此之前，我们必须发出警告！

为了完成最初的功能集，我们添加了一个基于模板的报告能力[注22]。尽管模板机

注 22：　请参阅 Eric Brehault 撰写的"The World's Simplest Python Template Engine"，*https://oreil.ly/BEFIn*。

制简单明了，但足以提供可用的报告。它支持以任何基于文本的格式创建报告，包括 HTML、Markdown、RTF 和简单文本。我们选择了 Markdown：

```
# Threat Model Sample
***

## System Description
{tm.description}

## Dataflow Diagram
![[Level 0 DFD]](dfd.png)

## Dataflows
Name|From|To |Data|Protocol|Port
----|----|---|----|--------|----
{dataflows:repeat:{{item.name}}|{{item.source.name}}|{{item.sink.name}}/
|{{item.data}}|{{item.protocol}}|{{item.dstPort}}
}
## Potential Threats
{findings:repeat:* {{item.description}} on element "{{item.target}}"
}
```

此模板应用于前面的脚本，将生成你可以在附录中看到的报告。

我们真的希望在不久的将来继续增加和开发更多的功能，希望能够降低开发团队进行威胁建模的门槛，同时提供有用的结果。

4.3.3 Threagile 工具

克里斯汀·施耐德（Christian Schneider）的 Threagile 是威胁建模领域的一个新项目（截至 2020 年 7 月），它是一个很有前途的系统，目前处于隐形模式，但很快就会开放源码！

与 pytm 非常相似，Threagile 属于使用代码进行威胁建模的类别，但使用 YAML 文件来描述它将评估的系统。开发团队能够在他们的本地 IDE 中使用团队成员已经知道的工具，这些工具可以与它所代表的系统代码一起维护、版本控制、共享和协作。该工具是用 Go 语言编写的。

由于在撰写本文时，该工具仍处于开发阶段，因此我们建议你访问 Threagile 作者的网站，查看生成的报告和图表的示例。

描述目标系统的 YAML 文件的主要元素是其数据资产、技术资产、通信链接和信任边界。例如，数据资产定义如下所示：

```
Customer Addresses:
        id: customer-addresses
        description: Customer Addresses
        usage: business
        origin: Customer
            owner: Example Company
            quantity: many
            confidentiality: confidential
        integrity: mission-critical
        availability: mission-critical
        justification_cia_rating: these have PII of customers and the system /
    needs these addresses for sending invoices
```

此时，Threagile 和 pytm 方法的主要区别是数据资产的定义，因为技术资产（在 pytm 中，像 Server、Process 等元素）、信任边界和通信链路（pytm 数据流）的定义或多或少遵循系统中每个特定元素的相同信息宽度。

更明显的区别是，Threagile 明确地考虑了不同类型的信任边界，如本地网络、网络云提供商和网络云安全组（以及许多其他组织），而 pytm 没有区分。每种类型都要求不同的语义在威胁评估中发挥作用。

Threagile 有一个插件系统来支持分析 YAML 输入所描述的系统图形的规则。在撰写本文时，它支持大约 35 条规则，而且正在添加更多规则。随机选取的示例规则如下所示：

- 跨站点请求伪造。

- 代码后门。

- ldap 注入。

- 无防护的互联网接入。

- 服务注册中毒。

- 不必要的数据传输。

与 pytm 不同的是，Threagile 还提供了一个 REST API 来存储（加密）模型，并允许你编辑和运行它们。Threagile 系统将在存储库中维护输入的 YAML 以及 YAML 描述的代码，并且系统可以被告知通过 CLI 或 API 执行处理。Threagile 的输出包括以下内容：

- 风险报告 PDF。

- 风险跟踪 Excel 电子表格。

- 风险摘要，风险详细信息为 JSON 格式。

- 自动布局的 DFD（用颜色表示资产、数据和通信链路的分类）。

- 数据资产风险图。

最后一个图表特别重要，因为对于每个数据资产，它表示在哪里处理和存储，颜色表示每个数据资产和技术资产的风险状态。据我们所知，这是目前唯一一提供这种观点的工具。

生成的 PDF 报告的格式非常详细，包含将风险传递给管理层或开发者以减轻风险所需的所有信息。对已识别的威胁进行了跨步分类，并对每个类别的风险进行了影响分析。

我们期待看到更多这类工具，并参与其开发，并衷心建议你在它向公众开放后看看它。

4.4 其他威胁建模工具概述

我们试图尽可能公正地介绍这些工具，但克服信息偏见可能很困难。任何错误、遗漏或失实陈述均由我们全权负责。

4.4.1 IriusRisk 工具

实施的方法：基于调查问卷的威胁库

主要作用：IriusRisk 的免费 / 社区版（见图 4-6）提供了与企业版相同的功能，但对其可以生成的报告类型及其菜单中包含在系统中的元素有限制。免费版也不包含 API，但它足以显示该工具的能力。图 4-6 显示了 IriusRisk 在简单浏览器 / 服务器系统模型上执行的分析结果示例。它的威胁库似乎至少基于 CAPEC，其中提到了 CWE、Web 应用程序安全协议（WASC）、OWASP Top Ten、OWASP 应用程序安全验证标准（ASVS）和 OWASP 移动应用程序安全验证标准（MASVS）。

及时性：不断更新

获取来源：*https://oreil.ly/TzjrQ*

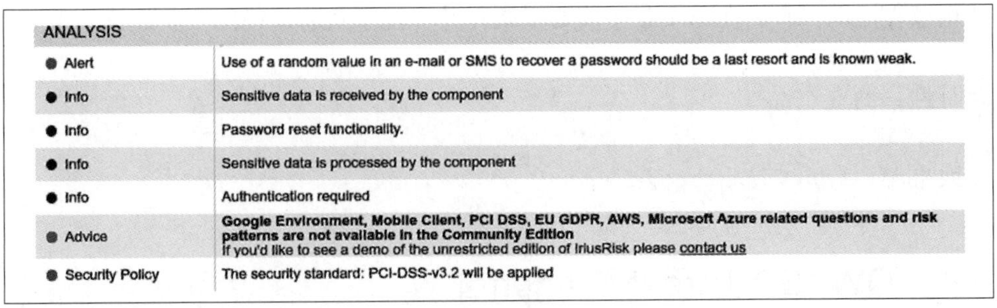

ANALYSIS	
Alert	Use of a random value in an e-mail or SMS to recover a password should be a last resort and is known weak.
Info	Sensitive data is received by the component
Info	Password reset functionality.
Info	Sensitive data is processed by the component
Info	Authentication required
Advice	**Google Environment, Mobile Client, PCI DSS, EU GDPR, AWS, Microsoft Azure related questions and risk patterns are not available in the Community Edition** If you'd like to see a demo of the unrestricted edition of IriusRisk please contact us
Security Policy	The security standard: PCI-DSS-v3.2 will be applied

图 4-6：IriusRisk 实时分析结果

IriusRisk 报告中的一个典型发现包含被识别的组件、缺陷类型（“访问敏感数据”）、威胁的简短解释（“敏感数据通过对 SSL/TLS 的攻击而受到损害”）以及风险和对策进展的图形 / 颜色表示。

点击给定威胁会显示一个唯一 ID（包含 CAPEC 或其他索引信息）、对机密性、完整性和可用性的影响划分、更长的描述和参考列表、相关缺陷和对策，这些将告知读者如何解决已识别的问题。

4.4.2 SD Elements 工具

实施的方法：基于调查问卷的威胁库

主要作用：在撰写第 5 版时，SD Elements 的目标是成为企业的全周期安全管理解决方案。它提供的功能之一是基于调查问卷的威胁建模。给定预定义的安全性和合规性策略，应用程序会尝试通过建议对策来验证系统在开发过程中是否符合该策略。

及时性：经常更新的商业产品

获取来源：*https://oreil.ly/On7q2*

4.4.3 ThreatModeler 工具

实施的方法：流程图；可视化、敏捷、简单威胁（VAST）；威胁库

主要作用：ThreatModeler 是第一个商用威胁建模图表和分析工具之一。ThreatModeler

使用过程流图（我们在第 1 章中简要提及）并实现了威胁建模的大量建模方法。

及时性：商业产品

获取来源：*https://threatmodeler.com*

4.4.4 OWASP Threat Dragon 工具

实施的方法：基于规则的威胁库，STRIDE 方法

主要作用：Threat Dragon 是一个最近在 OWASP 中脱离孵化器状态的项目。它是一个在线和桌面（Windows、Linux 和 Mac）威胁建模应用程序，提供图表解决方案（支持拖放），以及对已定义元素的基于规则的分析，提出威胁和缓解措施。这个免费的跨平台工具是可用且可扩展的（见图 4-7）。

及时性：由 Mike Goodwin 和 Jon Gadsden 领导，处于积极发展之中

获取来源：*https://oreil.ly/-n5uF*

图 4-7：一个示例系统，可作为演示

在图 4-7 中，DFD 符合本书中呈现的简单符号。每个元素都有一个属性表，提供有关它的详细信息和上下文。元素显示在整个系统的上下文中，并且关于它是否在威胁模型的范围内、它包含什么以及如何存储或处理它等基本信息都是可用的。

用户还可以创建自己的威胁，增加定制级别，使组织或团队能够强调那些特定于其环境或系统功能的威胁。与 STRIDE 威胁引发和简单的高 / 中 / 低危急程度排名直接相关，与 CVSS 分数没有直接相关性。

Threat Dragon 提供了一个全面的报告功能，可以保持系统图的焦点，并提供按元素排序的所有发现（及其缓解措施，如果可用）列表。如果给定元素是图表的一部分，但标记在威胁模型的范围之外，则会提供原因。

4.4.5 Microsoft 威胁建模工具

实施的方法：绘制和注释，以及 STRIDE 方法

主要作用：Microsoft 威胁建模工具是 Adam Shostack 和微软 SDL 团队的另一项重大贡献，它是威胁建模工具领域最早出现的产品之一。它最初基于 Visio 库（因此需要该程序的许可证），该依赖已被删除，现在该工具独立安装。安装后，它会提供添加新模型或模板或加载现有模型或模板的选项。该模板默认为面向 Azure 的模板，并为非 Azure 特定的系统提供通用 SDL 模板。Microsoft 还支持一个模板库，虽然目前它的应用并不广泛，但肯定是对该领域的一个贡献。该工具使用了我们在第 1 章中使用的 DFD 符号系统的近似值，并提供了工具，允许你使用预定义和用户定义的属性注释每个元素。基于预先填充的规则（存在于 XML 文件中，理论上可以由用户编辑），该工具生成威胁模型报告，其中包含图表、已识别的威胁（基于 STRIDE 分类）和一些缓解建议。尽管元素及其属性在很大程度上是面向 Windows 的，但该工具确实对非 Windows 用户有价值（见图 4-8）。

及时性：每两年更新一次

获取来源：*https://oreil.ly/YL-gI*

与其他工具一样，可以编辑每个元素以提供其属性。这里的主要区别在于，某

些元素属性与 Windows 非常相关。例如，OS Process 元素包含 Running As、Administrator 作为可能值，或 Code Type ：Managed 等属性。当程序产生威胁时，它将忽略不适用于目标环境的选项。

此工具中的报告与 STRIDE 密切相关，每个发现都有一个 STRIDE 类别，此外还有描述、理由、缓解状态和优先级。

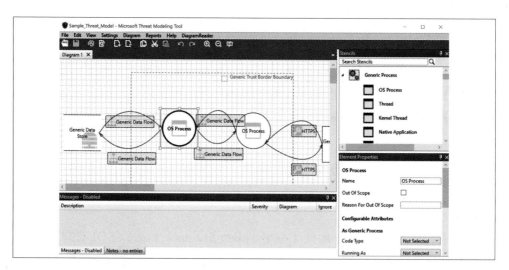

图 4-8：该工具提供的示例演示系统的 DFD

4.4.6 CAIRIS 工具

实施的方法：资产驱动和威胁驱动的安全设计

主要作用：CAIRIS 由 Shamal Faily 创建和开发，表示计算机辅助需求和信息安全集成，是一个创建安全系统表示的平台，侧重于基于需求和可用性的风险分析。一旦定义了一个环境（即系统所在的容器，其中包含资产、任务、角色和攻击者、目标、漏洞和威胁的封装），就可以定义环境的上下文。角色定义用户，任务描述角色如何与系统交互。角色也有角色，可以是涉众、攻击者、数据控制器、数据处理器和数据主体。人物角色与资产交互，资产具有安全性和隐私性（如 CIA）、责任性、匿名性和不可观察性等属性，价值为无、低、中、高。任务对一个或多个角色在特定于环境的场景中对系统执行的工作进行建模。CAIRIS 能够用通常的符号以及系统的文本表示生成 UML DFD。这个系统是复杂的，我们的描述永远无法做到这一点，但在研究过程中，CAIRIS 引起了我们足够的兴趣，值得进一步探索。Shamal Faily 撰写的 *Designing Usable and Secure Software with IRIS and CAIRIS*（Springer）一书，介绍了该工具及其使用方法，并通过设计提供了一个完整的安全性课程。

及时性：积极开发

获取来源：*https://oreil.ly/BfW2l*

4.4.7 Mozilla SeaSponge 工具

实施的方法：视觉驱动，没有威胁激发

主要作用：Mozilla SeaSponge 是一个基于 Web 的工具，可以在任何相对现代的浏览器中工作，并提供一个干净、好看的 UI，这也促进了直观的体验。目前，它不提供规则引擎或报告能力，开发似乎已于 2015 年结束（见图 4-9）。

及时性：发展似乎停滞不前

获取来源：*https://oreil.ly/IOlh8*

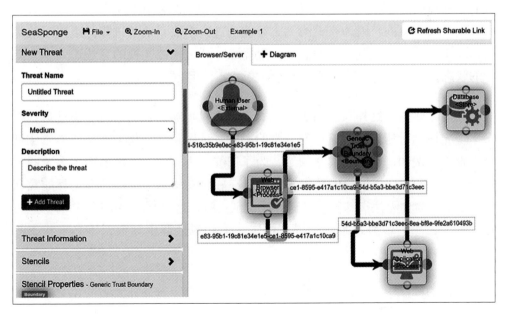

图 4-9：Mozilla SeaSponge 用户界面

4.4.8 Tutamen 威胁模型自动化工具

实施的方法：可视化驱动、STRIDE 方法和威胁库

主要作用：Tutamen 威胁模型自动化工具是一个商业软件即服务（SaaS）产品（截至 2019 年 10 月，免费测试版），有一个有趣的方法：以 draw.io 或 Visio 格式或 Excel 电子表格上传你的系统图，并接收你的威胁模型。必须使用与安全相关的元数据、信任区域和要分配给元素的权限对数据进行注解。一般报告将识别要素、数据流和威胁，并提出缓解措施。

及时性：经常更新的商业产品

获取来源：*http://www.tutamantic.com*

4.5 基于 ML 和 AI 的威胁建模

这是一个"人工智能解决一切"的时代[23]。然而，安全行业的现状是，我们还没有准备好进行威胁建模的飞跃。

我们在利用机器学习（ML）和人工智能（AI）进行威胁建模方面进行了一些研究。这是很自然的，因为今天的人工智能是过去专家系统的进步。这些系统基于推理引擎处理的规则，试图满足一组需求，从而使被建模的系统进入令人满意的状态。或者系统会指出任何认为解决方案不可能的差异。

机器学习是建立在这样一个前提之上的：当你对足够的数据进行分类之后，就会出现允许你对任何新数据进行分类的模式。试图将其转化为威胁建模领域可能很棘手。例如，在网络安全领域，为了训练分类算法，很容易产生大量同时携带"好"和"坏"流量的数据。但是，在威胁建模中，可能没有足够的数据集，这意味着你无法训练算法来逼真地识别威胁。这会立即将你带到一种方法，在这种方法中，威胁是系统配置在特定元素和属性群中导致的不必要状态的表达。

威胁建模的机器学习方法仍然是一种学术实践，很少有公开发表的论文或概念

注 23： Corey Caplette，"Beyond the Hype: The Value of Machine Learning and AI (Artificial Intelligence) for Business (Part 1)"，走向数据科学，2018 年 5 月，*https://oreil.ly/324W3*。

证明可以让我们演示一个功能正常的 AI/ML 系统[注 24、注 25]。如前面所述，至少有一项专利已经涉及一个通用的机器学习威胁建模链但到目前为止，我们还不知道一个工具的工作原型或支持它的数据集。

即使调用和利用它们来提高其他系统中的安全性，ML 系统也需要针对威胁进行建模。以下是在这方面所做研究的一些例子：

- NCC 集团提供了在该领域的研究成果，并为 ML 系统开发了威胁模型，突出了恶意敌人如何攻击或滥用 ML 系统[注 26]。NCC 集团的研究人员使用了最古老的非 ML 工具之一用于威胁建模：Microsoft 的威胁建模工具（2018年版）。

- 维也纳理工大学计算机工程研究所的研究人员发表了他们的 ML 算法训练和推断机制的威胁模型，并就漏洞、敌人目标和缓解所识别威胁的对策进行了讨论[注 27]。

- Berryville 机器学习研究所（由著名的安全科学家 Gary McGraw 博士共同创建）发表了 ML 系统的架构风险分析，揭示了在安全领域应用 ML 系统时的关注点（其中一些本身可能用于检测其他系统中的安全问题）[注 28]。

MITRE 公司的 CWE 库也开始包含机器学习系统的安全缺陷，并增加了 CWE-1039，"Automated Recognition Mechanism with Inadequate Detection or Handling of Adversarial Input Perturbations"。

4.6 小结

在本章中，我们深入地了解了威胁建模的一些现有挑战，以及如何克服这些挑

注 24： Mina Hao，"Machine Learning Algorithms Power Security Threat Reasoning and Analysis"，NSFOCUS，2019 年 5 月，*https://oreil.ly/pzIQ9*。

注 25： M. Choras 和 R. Kozik，ScienceDirect，"Machine Learning Techniques for Threat Modeling and Detection"，2017 年 10 月 6 日，*https://oreil.ly/PQfUt*。

注 26： "Building Safer Machine Learning Systems—A Threat Model"，NCC 集团，2018 年 8 月，*https://oreil.ly/BRgb9*。

注 27： Faiq Khalid 等人，"Security for Machine Learning-Based Systems: Attacks and Challenges During Training and Inference"，康奈尔大学，2018 年 11 月，*https://oreil.ly/2Qgx7*。

注 28： Gary McGraw 等人，"An Architectural Risk Analysis of Machine Learning Systems"，BIML，*https://oreil.ly/_RYwy*。

战。你了解了架构描述语言，以及它们如何为威胁建模自动化提供基础。你还了解了自动化威胁建模的各种选项，从简单地生成更好的威胁文档到通过编写代码执行完整的建模和分析。

我们讨论了在实现第3章中的威胁建模方法时使用代码进行威胁建模技术和基于代码的威胁建模技术（在业界统称为代码威胁建模）的工具。其中一些工具还实现了其他功能，例如安全测试编排。我们展示了代码工具pytm中的威胁建模，最后简要讨论了将机器学习算法应用于威胁建模的挑战。

在下一章中，你将通过激动人心的新技术，一窥威胁建模的未来。

第 5 章

持续威胁建模

"你是谁?"卡特彼勒说。

这可不是一个令人鼓舞的对话开场白。

爱丽丝颇为害羞地回答:"先生,我几乎不知道,至少今天早上起床时我还知道自己是谁,但自那时起我肯定变了好几次。"

"你是什么意思?"卡特彼勒严厉地说,"自己解释!"

"很抱歉,先生,我无法解释自己,"爱丽丝说,"你知道,因为我不是我自己。"

　　——路易斯·卡罗尔(Lewis Carroll),《爱丽丝梦游仙境》

本章将介绍连续威胁建模的过程。我们还将介绍一种实现,并描述在现实世界中使用此方法的结果。

5.1 为什么要进行持续威胁建模

第 3 章介绍了各种威胁建模方法论,并指出了它们的优点和缺点。当我们讨论用于对这些方法论进行"评级"的参数时,你可能已经注意到,由于缺乏更好的标签,我们一直倾向于称其为敏捷开发。

我们的意思是指偏离瀑布模型(首先开发设计,然后实施和测试设计,直到系统下一次迭代时才进行修改)的现有开发技术。我们还谈论那些每天使 DevOps 获得 1000 次更新的系统,而开发者在不断改进的过程中会频繁更改。威胁建模如何在这些环境中生存和发展而又不减慢所有人的速度呢?

根据我们的经验，开发者以部署速度为生，而架构师则以进度为中心，安全人员以谨慎的态度奔跑。

如何调和不同的速度和节奏，并确保以符合每个人的观点、期望和要求的方式进行威胁建模？你想要一个多速流程，该流程可以捕获最初存在的系统，然后继续捕获它的演变，从而在威胁出现、演变和变化时揭示它们。要实现所有这些，你需要持续威胁建模。

5.2 持续威胁建模方法

仍然使用我们在第 2 章中介绍的等级参数，持续威胁建模（Continuous Threat Modeling，CTM）方法依赖于一组简单的指导原则：

- 产品团队永远比不属于该团队的任何安全专家更了解自己的系统。
- 不能期望团队停止从事威胁建模的工作（可访问性、敏捷性）。
- 个性化的收益递增学习曲线取代了培训。威胁分析的质量随着经验的增加而提高（可教育性、无约束性）。
- 威胁模型的状态必须反映被建模系统的当前状态（代表性）。
- 今天的威胁模型需要比昨天的更好（可扩展性、可教育性）。
- 调查结果需要与系统匹配（可用性）。

原则上两次调用教育参数并不是偶然的。整个想法是让一个几乎没有安全知识的团队（无论有没有安全专家）都能参与有效的威胁建模。第一条原则与我们在第 2 章中探讨的任何测量参数都没有联系，这也不是偶然的：整个方法基于产品团队拥有自己的威胁模型，以使团队成员能够从流程中获益，而不依赖于外部知识来源。我们在第 2 章中没有对此进行测量。

5.3 演进：不断进步

我们的主要命题之一是威胁模型必须是演进的。这意味着威胁模型每天都会变得更好，团队无须因"全力以赴！"而感到瘫痪。在进行缓解之前，必须全面彻底且有效地识别系统中所有可能的威胁。

威胁模型会随着时间的推移而演变，知道这一点可以通过让不同的团队以不同的速度并以相同的步骤进行交互来实现可扩展性。尽管拥有一种适用于所有团队的方法很重要，但各团队不需要执着于寻找该方法。你可以让每个团队自由发展，并根据需要进行干预（提供建议或专家支持）。

5.4 Autodesk 持续威胁建模方法

Autodesk 持续威胁建模（A-CTM）是持续威胁建模方法的真实示例。它采用了CTM 的理论并将其应用于快速变化的组织中。根据观察到的结果，它随着时间的推移进行了更正，并且方法论不断演进，其威胁模型也不断发展。

Autodesk GitHub 存储库的"Continuous Threat Modeling Handbook"中详细介绍了该方法。从设计到部署，可以在系统生命周期中的任何时间应用它。以下是手册中的 Autodesk 持续威胁建模任务说明：

安全部门通常为开发团队提供的完整威胁建模服务可以看作一组很好的培训工具。我们看到越来越需要扩展此过程，并已采取将知识转移给开发团队的方法。本手册中概述的方法为团队提供了一种将安全性原则应用于威胁建模过程的结构，使团队能够按照一种指导性的方法来质疑其安全状况，从而将其产品知识转化为安全发现。这种方法的目的是在多次迭代中支持和增强开发团队的安全能力，以使开发团队执行的威胁模型的质量不需要安全团队的参与。

就本章而言，我们可互换地使用 CTM、A-CTM 和 Autodesk CTM 来指代相同的方法。总的来说，提及 CTM 本身就是指基本方法和哲学，而提及 A-CTM 就是指 Autodesk 实施。

为了解决"到目前为止我们有什么"和"随着时间的推移如何变化"之间的二分法，CTM 采用了双速方法。通过这种方式，你可以利用当时系统可用的任何信息来构建威胁模型（基线威胁模型），然后你和团队采用"Threat Model Every Story"方法：每个开发者在计划、应用或测试安全性时都会评估他们在系统中所做的更改，然后采取适当的措施。基线威胁模型成为活文档，该文档会相应地更改和演进，并且在流程的最后（或任何给定的里程碑）反映系统的当前状态及其所有更改。下面我们看一下 Izar 在 *Threat Modeling Insider Newsletter* 中发表的一篇文章。

活文档多久需要更新一次？

将威胁模型报告作为活文档的想法并不新鲜。包括 Adam Shostack 和 Brook S. E. Schoenfield 在内的威胁建模领域的思想领袖反复倡导这一点，使其广为人知，并且在许多威胁建模方法中，无论是隐式的还是显式的，都会在最后一步反映这一点：现在再做一次。微软引入了安全尖峰的概念，以解决敏捷开发过程中的设计变化，许多威胁建模工具都是基于这样一种想法，即方便将动态变化表达到当前的威胁模型中。DevOps 中当前流行的快速开发和部署理念是，系统每天部署和重新部署 100 次（如果不是更多的话），从一开始到面对客户都有微小的变化。即使是最灵活的威胁建模工具，这也肯定会带来负担。

但在"一次又一次"和"以思维的速度改变"之间，存在一个似乎很有希望的地方。在这里，对系统设计和实现的更改可以以如下方式反映在威胁模型中：允许从这个概念过程中获得好处，同时在系统运行时保持模型反映系统，并为开发者提供一个可消费的升级，提升他们的安全体验。事实是，如果我们等待许多 scrum（或任何其他开发周期单元）来解决威胁模型中的更改，那么可能会丢失重要且安全的细节。

另外，在 DevOps 每天启用的数百项更改中，只有极少数是修改攻击面、安全态势或系统安全配置的"值得注意的安全事件"。这些事件在设计时得到了更有效的识别——在架构师或开发者需要以改变其安全断言或假设的方式添加或修改系统时。这个神奇的地方就是真实性、修复性或故事性。正如 Schoenfield 在 *Secrets of a Cyber Security Architect*（Auerbach 出版社）一书中所说：

> 威胁建模不需要花费很长时间。正如我在本书中所指出的，如果一个缺乏经验的团队发现只有一个需求可以显著改善安全态势，那么这就是一场胜利，值得庆祝。这意味着威胁模型不必是软件安全程序经常发布的冗长、详尽的练习。相反，它让开发者考虑可信的攻击场景。随着时间的推移，他们可能会更好地进行分析，确定更多适用的场景，从而确定更多的安全需求。

我对 Schoenfield 的经验的解释是，我们信任开发者在编写代码时做出的关键任务决策，但是出于某些原因，我们认为威胁建模最好留给寻求完整解决方案的专家。但是，如果我们想要渐进的、演进的答案，则必须信任开发者，为他们提供工具和安全基础知识，以便他们可以进行威胁建模或至少能识别值得注意的安全事件。通过对这些事件进行排队并让管理员（他最终决定威胁模型中的内容以及文档、测试程序或部署更改中需要解决的内容）及时处理该队列，威胁模型将与开发保持同步。在任何时候，这些变化都会反映在威胁模型中，丢失细节和错误假设的机会更少，而且在粒度上只解决潜在的安全缺陷，而不是系统中的每一个微小变化。

这是持续威胁建模或"Threat Model Every Story"（一种当前部署在 Autodesk 上的威胁模型方法，其他一些公司也在考虑中）的基础。你可以在 OWASP AppSec California 2019 上观看主题为"Threat Model Every Story: Practical Continuous Threat Modeling Work for Your Team"的演讲。

乍一看，CTM 似乎和我们见过的其他方法一样"繁重"，但实际上，它试图使事情变得简单，并且更易于协作。威胁建模是一项团队活动。开发团队中的每个人都是 CTM 流程的利益相关者：

- 产品所有者和产品经理希望验证是否满足安全要求。
- 架构师希望验证设计。
- 开发者既希望获得指导，又要提供有关在实施过程中对设计所做的更改的反馈。
- 测试人员希望将其用作安全测试的路线图。
- DevOps 将其用于架构审查和部署安全控制。

尽管这些角色具有与威胁建模工作不同的期望，但他们提供了同一系统的不同视图，从而创建了具有足够详细信息的系统综合视图，以做出适当的安全和风险决策。

在这个过程中，你应该选择一个或多个（但不要太多）管理员。威胁模型管理员的角色更像是一个过程管理者而不是技术人员，但重要的是管理员知道团队中谁负责什么，并且能够清晰地沟通。管理员在整个开发过程中还需要专门的时间来执行 CTM 记录。

管理员将在团队的错误存储库（或任何其他用于跟踪任务和错误的机制）中拥有一个队列。此队列由项目（为了清楚起见，我们将其简称为票据）构成，这些项目根据其相对于威胁模型的状态进行标记：

security-tm

这些票据表达和跟踪威胁模型中的发现——需要解决的已验证问题。

potential-tm-update

这些票据表示设计、实现、部署、文档或系统开发的任何其他特征的更改，这些更改被认为是整个威胁模型潜在的收益。

管理员将使用 potential-tm-update 票据，根据自己的判断或在与团队中的其他人讨论后将其升级为 security-tm，并在需要时咨询安全专家（如果有）。随着时间的推移，模式将在 potential-tm-update 票据中演进，这将使流程更快地进行。

管理员考虑 potential-tm-update 有两个结果。该票据可能会变成 security-tm 票据，并将其作为找到完整解决方案的依据进行跟踪。或者，potential-tm-update 被认为可以通过另一种方式解决，例如，文档更改、向 DevOps 团队通知部署需求已发生更改，或用于质量工程的新测试用例。这是该方法论在将潜在问题转化为可执行的任务方面的亮点，这些任务在开发系统时提高了系统的整体清晰度。

5.4.1 基线

CTM 流程的第一步包括建立现有系统或设计的基线。你的团队必须齐心协力，识别并调查系统的任何已知特征。这包括以下操作。

定义范围

你是对整个系统还是小的设计更改进行威胁建模？确定系统的哪些元素将成为威胁模型的一部分。

识别所有重要资产

该模型必须包括系统的所有相关部分。如果你担心太多细节，请从系统的顶级描述开始，然后重复该过程以获取较小组件的详细视图。

绘制图

根据范围创建系统图。这些应该至少包括使用系统的角色（例如，用户、管理员、操作员）以及他们与系统、浏览器、桌面客户端、服务器、负载均衡器和防火墙等进行交互的方式。

绘制数据流

用数据流来描绘系统各部分之间的交互。使用协议和身份验证等详细信息注释交互过程。

标记重要数据的存放、传输和转换位置

这很重要，因为你将在这里发现要保护的资产以及它们在系统中的位置。你可以在白板上创建图，也可以在第 1 章中讨论的许多制图解决方案中创建图。为了使图保持最新状态，你可能需要通过 pytm 来使用开源工具链。

在此阶段，"完成的定义"是团队成员同意，你刚刚创建的图可以正确地代表系统的各个部分及其交互，从而满足团队对元素之间所有关系的理解。

请务必注意，DFD 的格式和包含该格式的威胁模型报告至关重要。如果你的组织的所有团队都使用相同的格式，则可以更轻松地在不同的威胁模型中查找信息，并且使安全团队的成员在与多个开发团队合作时可以快速吸收这些信息。CTM 极力鼓励我们使用在第 1 章中讨论过的基本 DFD 符号。

此时，你的团队将了解 DFD 中的内容。正如我们在本书中多次提到的那样，威胁建模通常是 GIGO 活动。你将获得与你的团队相同质量的可用信息。因此，CTM 倾向于尽可能地对 DFD 进行注释。如果将所有详细信息添加到高级 DFD（级别 0）中以致可读性太强，则团队可以将该图分解为单独的、更详细的 DFD（级别 1）。

该方法还要求你的团队提供其他特征，这些特征将允许外部观察者获得对系统安全性进行有根据的观察所需的最少信息量。你还应该给出报告的标准格式。如果与会的安全专家并非总是同一个人，或者同时处理许多产品，那么使用标准格式可以使他们快速有效地进行上下文切换。附录中的示例威胁模型反映了这些观点。当团队成员在团队之间移动，并且有兴趣进行数据挖掘时，对于威胁模型使用一致的格式也很有用，因为威胁模型可以提取有用的数据。

以下是 CTM 的 DFD 清单：

1. 提供完整的系统图，包括部署。

2. 在系统概述 DFD（级别 0）中标记每个组件。

3. 使用箭头（指向目的 / 指向源头 / 双向）标记每个数据流的方向。

4. 标记每个箭头代表的主要行为。

5. 标记用于每个数据流的协议。

6. 标记信任边界和网络。

7. 在详细的 DFD（级别 1）中标记主要数据类型及其在应用程序中的流动方式（控制流）。

8. 描述使用系统的角色（用户、管理员、操作员等），并说明每个人的数据流 / 访问方式有何不同。

9. 标记身份验证过程的每个部分。

10. 标记授权过程的每个部分。

11. 用数字标记这些动作的顺序。

12. 标记"皇冠上的宝石"或最敏感的数据。如何处理这些数据？最关键的应用程序功能是什么？

调查结果的格式应遵循以下固定的结构。

唯一标识符
这是在整个生命周期中识别发现的方式。

全面描述的攻击场景
很多时候，团队的不同成员会以多种方式解释调查结果。指定完整的攻击方案可以使团队更轻松地了解每个人是否都在谈论同一个问题，或者单个发现是否涉及多个问题。拥有足够的信息有助于确定发现的影响和可能性，以及（如有必要）将发现分成几个较小的发现。

严重程度
严格来讲，CVSS 虽然不是风险评估系统，但却是一种用于建立调查结果排名的可行方法（尽管有时不完善）。CVSS 提供了一种简单的方法来快速确定问题的严重性，从而可以对结果进行逐一比较[注1]。"严重程度"并非

注1： 详见第 3 章。

对所有用例来说都是最佳选择，但它易于使用且具有足够的描述性，已被很多工具用作标准，成为很有代表性的指标。CTM 不要求使用 CVSS，团队可以自由采用指标，但至关重要的是，组织中的所有威胁建模工作都使用相同的方法，这样就可以确定优先级，并围绕寻找"重要性"的相同标准进行讨论。

缓解

针对问题提出的解决方案。该字段与 potential-tm-update 和票据系统一起创建了一个空间，在该空间中可以记录有关发现的最终结论并在必要时查阅。

5.4.2 基线分析

正如我们所讨论的，CTM 尝试解决的第一个问题是安全教育。第二个问题是需要一个进行威胁模型练习以识别缺陷的安全专家。问题总是回到，如果团队成员本身没有专家知识，团队如何才能独立地识别那些缺陷？

威胁建模培训人员通常以"像黑客一样思考！"作为开场白。并非每个人都能够转变思维，考虑到这一点，CTM 促使团队根据安全漏洞进行思考，首先思考"我们做对了吗？"。我们认为，带领你的团队讨论其设计的安全性方面将带来发现，同时增加团队成员的安全知识。为此，要求团队仔细研究指出安全领域的主题列表，并引出几个主要问题以开始讨论（参见表 5-1）[注2]。

表 5-1：引出问题以开始讨论

主题	该主题下的示例问题
认证与授权	• 系统中的用户和其他行为者（包括客户端和服务器）如何进行身份认证来防止假冒？ • 系统中的所有操作是否都需要授权，并且这些授权仅授予必要的级别（例如，访问数据库的用户只能访问他们真正需要访问的那些数据表和数据列）？
访问控制	• 是否以基于角色的方式授予访问权限？所有访问决策在执行访问时是否相关（令牌／权限会通过状态更改操作进行更新，令牌／权限会在授予访问权限之前进行检查）？ • 是否使用适当的机制（文件、网页、资源、对资源的操作等）对系统中的所有对象进行适当的访问控制？ • 对敏感数据和机密数据的访问是否仅限于需要的人？

注 2： Autodesk Continuous Threat Modeling Handbook，*https://oreil.ly/39UsH*。

表 5-1：引出问题以开始讨论（续）

主题	该主题下的示例问题[a]
信任边界	• 你能否清楚地识别模型中信任级别的变化？ • 你可以将它们映射到访问控制、身份验证和授权吗？
审计	• 是否记录了与安全性相关的操作？ • 是否遵循日志记录最佳做法：不记录 PII，也不记录机密数据（如密码）。登录到中心位置，与 SIEM、RFC 5424、RFC 5427 和 OWASP 等行业标准兼容。是否正确使用了 AWS CloudTrail？
密码学	• 是否知道足够长的密钥以及所使用的算法是否良好（没有碰撞冲突、不容易进行暴力破解等）？ • 加密的所有实现是否都经过了良好的测试，是否达到最新的已知安全补丁，内部是否使用了加密技术？ • 是否可以轻松配置/更新密码以适应变化？
密码防护	• 系统中使用的令牌、密钥、凭证、密码等保存在哪里？ • 如何保护它们？ • 是否随应用程序一起分发了任何密码（硬编码）？ • 是否使用完善且经过测试的系统来存储密码？ • 是否有任何机密数据（API 或 SSH 密钥、客户端密码、AWS 访问密钥、SSL 私钥、聊天客户端令牌等）来加密地存储在存储库、文档共享、容器映像、浏览器中的本地存储等中？ • 机密数据是否通过环境变量作为构建过程/部署过程的一部分传递？ • 机密数据和敏感数据使用后是否立即从内存中清除，还是有可能将其记录下来？ • 密钥可以轻松轮换吗？
注入	• 是否所有来自系统外部的输入都被检查是否有缺陷或存在危险？这尤其与接受数据文件的系统有关。这些输入为网页、二进制文件或脚本，或者是直接合并到 SQL 查询的输入，以及嵌入 Lua、JavaScript 和 LISP 等解释器的系统。
传输中的数据加密和静止时的数据加密	• 系统中的所有重要数据（即皇冠上的宝石）在系统各部分之间进行传输和存储时，是否都受到了保护？
数据保留	• 我们是否保存和保留了超出我们需要的更多数据？ • 是否按照合规性要求的时间和方式保留了数据？
数据最小化和隐私	• 如果我们要保存个人数据，是否根据所有必需的标准和合规性要求对其进行保护？ • 我们是否需要最小化保留数据或匿名化保留数据？
弹性	• 系统是否依赖于可能遭受拒绝服务攻击的任何单点故障？ • 如果系统分布在许多服务节点之间，是否可以隔离其中的一部分，从而在发生局部安全性破坏的情况下降级服务而不中断服务？ • 系统是否提供反馈控制（监控），以便在遭受拒绝服务或进行系统探测时允许其寻求帮助？

表 5-1：引出问题以开始讨论（续）

主题	该主题下的示例问题
拒绝服务	• 多用户—— 一个用户能否生成阻止其他用户工作的计算或 I/O？
	• 存储空间——一个租户能否填满所有存储空间并阻止其他人工作？
配置管理	• 系统是否设置为由具有备份和受保护的配置文件的集中式配置管理工具和流程来管理？
第三方库和组件	• 是否所有依赖项（直接的和传递的）：
	◆ 更新以缓解所有已知漏洞？
	◆ 从可信来源获得（例如，由迅速解决安全问题的知名公司或开发商发布）并验证来自同一可信来源？
	• 强烈建议对库和安装程序进行代码签名——是否实施了代码签名？
	• 安装程序是否验证从外部来源下载的组件的校验和？
	• 是否有嵌入式浏览器（嵌入式 Chromium、Electron 框架、Gecko）？如果是这样，请参阅此表末尾的"API"条目。
强化	• 系统设计是否考虑到系统必须在强化环境（封闭的出口端口，有限的文件系统权限等）中运行？
	• 安装程序和应用程序进程是否仅需要运行所需的最低权限？这些程序是否会尽可能放弃权限？
	• 在云平台上是否使用了强化图像？
	• 应用程序是否仅使用绝对路径来加载库？
	• 在系统的设计中是否考虑了服务的隔离（容器化、限制主机资源的消耗、沙箱）？
云服务	• 在设计和使用云服务时是否遵循已知的最佳实际？
	• 角色需求和安全策略
	• 在适当的地方使用 MFA（多因素认证）
	• API 密钥轮换计划
	• （对云提供商管理系统的）root 用户访问权限是否已正确强化、管理和配置？
	• 是否已为每个云服务严格限制权限？
	• 是否所有的反向通道（服务器到服务器、内部 API）通信都通过 VPC 对等进行内部路由（即，反向通道流量不通过公共互联网)？
Dev/ 暂存 / 生产实践	• 是否充分保护了环境？
	• 对于非生产测试环境（尤其是暂存 / 集成），测试数据是否来自生产？如果是，在非生产用途之前是否擦除或屏蔽了敏感数据（例如，个人身份信息或客户数据）？
	• 是否始终使用公司管理的电子邮件账户测试电子邮件功能（即不使用公共电子邮件提供商）？
	• 是否由专人对每次的提交进行代码审查（没有直接提交到发布或主要分支）？
	• 单元测试 / 功能测试是否涵盖安全功能（登录、加密、对象权限管理）？

表 5-1：引出问题以开始讨论（续）

主题	该主题下的示例问题
API	• 你是否应该研究 CORS，是否将你的 API 提供给浏览器？
	• 你是否使用正确的身份验证和授权模式？
	• 你是否考虑了假冒、注入等情况？

以上是主要问题的列表，而不是全部清单。不应期望团队仅回答每个问题并向前迈进。相反，团队成员应该在他们正在构建的系统的上下文中讨论问题和答案。目的是引起人们对"可能出了什么问题"的思考，同时推动开发者提出尚未解决的问题。

事实证明，这是向团队介绍方法论时最难的部分。这里的目的是鼓励探索，而不是思考："在这个系统中什么是欺骗问题？"我们问："关于身份验证，在你考虑了人们传统上遇到问题的这些初始要点之后，还要考虑什么？"

一旦团队将主题列表应用于其系统，并且如果有安全专家可用，则团队将审核所有已识别的发现，并且如果需要，专家将指示团队进行进一步的查询。这个想法是专家提供更多的想法，而不是批评。这也允许专家识别团队需要加大教育投入的领域。例如，团队成员在身份验证和授权方面做得很好，但是他们的日志记录或强化方法需要优化。

考虑苏格拉底式的方法，教师通过使用争论性对话引导学生进行思考，而不是仅仅在给定点上进行扩展。人们普遍认为，这种方法更能激发批判性思维，并有助于找出错误的预设。通过在一个方向上"推动"团队并围绕一个可能性进行对话，安全专家创造了一个定向学习的机会，这比仅仅列出可能性并检查它们是否坚持更有效。

如果没有专家，团队需要进行自省。例如，是否因为系统良好或团队挖掘不够深入而没有发现？在任何情况下，管理员或团队负责人都应该针对团队成员薄弱的知识领域（比如，有人不知道什么是密钥长度，有人不知道什么是授权）为团队提供进一步的专业培训。

应用主题列表作为分析指南的结果如下：

- 基于给定主题的系统设计的调查结果。

- 如果团队觉得无法深入挖掘，则说明有学习机会。

- 确定在系统范围内评估了安全系统设计的基础知识。

5.4.3 做到什么程度

威胁建模中的一个常见问题是何时停止。你何时知道已经对系统进行了充分的检查、足够的思考和充分的质疑，可以认为已完成任务？大家可能有过经历，我们在半夜里醒来，突然意识到没有考虑到某个问题。你无须为有效地建立威胁模型而产生偏执，但这有帮助。

在 CTM 中，问题的答案变得更加容易，因为根据定义，威胁模型是不断演进的，并且仍有许多机会来进一步研究。但是这需要日常指导，经过深思熟虑和反复试验后，当满足以下条件时，你应该认为威胁模型可以达到完成状态：

- 所有相关的图表都记录在文档中。
- 你在开发团队选择的跟踪系统中，以约定的格式记录了背景信息和发现。
- 威胁模型的副本存储在产品团队和安全团队共享的中央访问控制位置。

如果没有安全团队或安全专家进行审核，我们建议你选择一个具有安全意识的团队成员作为安全"魔鬼代言人"，该成员将质疑威胁模型中的安全性假设，并找出缓解措施的漏洞。这样，至少可以确保你已彻底检查了所有薄弱环节。

如果安全团队或专家准备提供帮助，则他们应该扮演教导和指导角色，致力于提高产品团队的安全态势，而不是提出质疑。你可以通过在威胁建模期间对团队的绩效提出建设性的批评，指出独特且可能面向产品的主题领域以进行进一步探索，并确保开发团队检查所有关键领域，例如，身份验证和授权、加密以及数据保护等。

5.4.4 威胁模型的所有故事

至此，希望基线和基线分析能够解决系统状态等问题。但是，你如何解决系统升级和威胁模型落后的问题？你如何避免在另一个开发周期结束时执行相同的广泛基线测试？

不管你怎么看，只有一个因素负责将错误导入系统，那就是程序员。归根结底，程序员决定了使用哪些参数、流程的执行顺序、数据去向等。这意味着，如果你想解决一些问题，则必须在开发者级别解决。

因此，你如何在开发者级别上应用主题列表的解决方案框架，既尊重开发者的工作范围，又考虑到现在只有一个人专注于同一问题的许多方面，而不是整个团队就已确定的事实交换信息？换句话说，CTM 如何将主题列表简化为开发者可以立即使用的可操作项？CTM 的答复是"安全开发者清单"（见后文的表 5-2）。

清单的使用并不新颖。随着医生和护士开始使用检查表，医院的手术失误和感染的数量大幅度下降[注3]。自首次登机以来，飞行员就一直在使用清单。你也可以在日常生活中找到清单。

大多数清单都指定要配置的条件以实现目标状态。例如，让我们看一下塞斯纳 152 飞机的"启动发动机之前"清单[注4]：

1. 飞行前检查完成。

2. 座椅已调整并锁定到位。

3. 系好安全带和肩带。

4. 打开燃油截止阀门。

5. 关闭无线电和电气设备。

6. 刹车测试并保持。

诸如"打开燃油截止阀门"之类的短语描述飞行员必须设定的目标状态（"阀门打开"），该状态与先前状态无关。这里的重点是，无论飞机过去处于哪种状态，在启动发动机之前，飞行员都必须打开截止阀门。否则，飞行员将不会检查清单中的下一条。这也是一个基本示例，请想象一下航天飞机的启动引擎前列表。很复杂[注5]！

事实是，当事情可能发生灾难性的错误时，按正确顺序排列所有正确状态的清单非常有价值。另外，在系统开发之类的活动中，可能的状态数量很多，不可能为每个环境创建清单。CTM 无法为开发者提供涵盖所有情况的分步列表。它需要一个不同的机制。

因此，安全开发者清单采用了另一种方法，即 If-This-Then-That 模式。在此模式下，清单不包含分步说明，而是包含标注和响应说明。这里的想法是，开发者能够轻松地识别 If-This 一面，并采取适当的 Then-That 动作。

安全开发者清单也很简短。它的目的不是为每一个 Then-That 条款提供手册或

注 3： Atul Gawande, *The Checklist Manifesto: How to Get Things Right* (New York: Picador, 2010)。

注 4： "塞斯纳 152 检查表"，FirstFlight Learning Systems 公司，*https://oreil.ly/ATr_k*。

注 5： "STS-135 Flight Data Files"，美国国家航空航天局约翰逊航天中心，*https://oreil.ly/tczMp*。

指南，而是为开发者提供一个记忆刷新器，为开发者提供更多信息的正确方向。

清单的最终目标有点违反直觉。最终，它必须被放弃。

回到早期的培训时期，安全培训中最严重的错误之一是它没有尝试在受训者中建立一种肌肉记忆机制。有一个基本假设是，通过给他们提供大量信息和多项选择题，他们将能够记住并在需要时正确应用。这根本不会发生。开发人员通过开发一个包含算法、代码片段和系统配置的工具箱来学习他们的技能，他们理解并知道何时以及如何应用这些算法、代码片段和系统配置。在工作的各个方面，他们从新手开始，以熟练工的身份积累经验，最终在充分应用基础知识后成为专家。但是出于某种原因，安全性有望成为规则的例外，因此他们需要摆脱"权限不足"的困境，通过团队自省的方式，全面了解如何以及何时使用所介绍的技术。

因此，我们希望你反复使用清单，直到你（和你的团队）拥有肌肉记忆，不再需要清单了。此时，你可以完全停止使用清单，也可以将其替换为更适合给定技术堆栈的清单，但仍遵循相同的格式。

表 5-2 是 Autodesk 安全开发者清单的摘录。

表 5-2：摘自 Autodesk 安全开发者清单

If-This	Then-That
增加了更改系统中敏感属性或对象的功能	• 通过身份验证进行保护。你必须确保所有新功能都通过身份验证进行保护。通过使用强大的身份验证机制（如 SAML 或 OAuth）来验证用户、实体或服务器，确认其身份。 • 使用授权进行保护。授权强制某人对实体或操作拥有权限。 • 你必须确保对所有新功能都执行最小权限访问控制策略。你可以为粗粒度授权进行设计，但为细粒度授权保持设计的灵活性。 • 确保密码不是明文的。加密方式的好坏取决于如何保护它。在使用密码或密钥时，务必始终对其进行保护。在使用变量后立即清除变量，尽量减少它们在内存中的可用时间。任何情况下都不要使用硬编码的密码。 • 行使最小权限。在确定流程或服务所需的权限级别时，请记住，该权限级别应仅为该流程或服务所需的权限。例如，如果你仅查询数据库，则凭据不应该是可以写入数据库的用户的凭据。不需要提升权限（root 或 Administrator）的进程不应以 root 或 Administrator 身份运行。 • 考虑所有可以绕过客户端的攻击向量。应用程序客户端使用的任何逻辑都是容易受到攻击的目标。确保不能通过跳过应用程序的步骤、提交不正确的值等来绕过客户端控制。

表 5-2：摘自 Autodesk 安全开发者清单（续）

If-This	Then-That
创建了一个新的流程或行为	• 行使最小权限。在确定流程或服务所需的权限级别时，请记住，该权限级别应仅为该流程或服务所需的权限。例如，如果你仅查询数据库，则凭据不应该是可以写入数据库的用户的凭据。不需要提升权限（root 或 Administrator）的进程不应以 root 或 Administrator 身份运行。 • 确保凭据安全地存储。对用户凭据进行加盐和散列运算之后，再存储到数据库中。确保使用强度足够的散列算法和随机加盐算法。 • 进行适当的强化。通过定期打补丁、安装更新、最小化攻击面并实践最小权限原则，来强化你的系统或组件（商业、开源或从其他团队继承）。通过减少进入系统的入口点的数量来最大限度地减少攻击面。关闭不必要的功能、服务和访问权限。通过提供角色功能所需的最少访问量和权限来实践最小权限原则。审核所有这些控制措施以确保合规性。
使用密码学	• 确保你使用了组织认可的工具包。当包括外部上下文（库、工具箱、小插件等）时，需要验证它们是否已针对安全问题进行了审查。 • 确保不要自己编写加密算法。自己编写加密算法可能会引入新的缺陷，而自定义算法可能没有必要的强度来抵御攻击。确保以正确的方式使用行业标准的加密算法，以达到正确的目的。更多详细信息请参阅 OWASP 加密存储清单。 • 确保你使用正确的加密算法和密钥大小。正确使用最新的行业标准加密算法和密钥大小。详细信息请参见 OWASP 加密存储清单。 • 确保正确存储所有密码。加密方式的好坏取决于如何保护它。使用密码或密钥时，务必始终保护它们。在使用变量后立即清除变量，尽量减少它们在内存中的可用时间。任何情况下都不要使用硬编码的密码。遵循行业中密钥和密码管理的最佳实践。 • 确认没有无法由用户定义的硬件密钥或密码。不要使用硬编码形式的任何密码。将密钥存放在代码、存储库、团队和个人笔记以及其他纯文本以外的地方。确保密钥正确存储在密码管理器中，或通过加盐操作和散列运算之后存储在数据库中。
添加嵌入式组件	• 进行适当的强化。每个嵌入式组件都必须进行强化。作为强化工作的一部分，你必须： 1. 最小化攻击面。减少进入系统的入口点的数量。关闭不必要的功能、服务和访问权限。 2. 在选择第三方组件（商业、开源或继承自另一个团队）时，请注意其安全要求、配置和影响。如果你需要强化组件方面的帮助，请与你的安全团队联系。 • 考虑组件威胁模型。当使用第三方组件时，你还将继承与之关联的风险和漏洞，因此有必要在该第三方组件上执行威胁模型。识别往返于应用程序中第三方组件的所有数据流，并使用 Autodesk Threat Modeling Handbook 来生成威胁。

表 5-2：摘自 Autodesk 安全开发者清单（续）

If-This	Then-That
添加嵌入式组件	• 在对第三方组件进行威胁建模时的注意事项： 1. 确保没有为第三方组件提供比应用程序所需更多的权限。 2. 确保你没有在第三方组件中启用不必要的功能（例如，调试服务）。 3. 确保遵循组件所有的现有安全要求和强化指南。 4. 确保为组件的配置选择了限制性的默认值。 5. 记录组件在整个系统的安全性中的作用。 • 一旦确定了针对第三方组件的威胁，请确保根据这些威胁的风险／严重程度对它们进行相应的处理。如果你的产品在第三方组件中存在未解决的严重漏洞，请不要采用它们。 • 添加到组件库中。将新的嵌入式组件添加到库中，以监控其更新和补丁。此清单必须作为活文档保持最新状态，以便可以在安全事件期间快速轻松地进行访问。
从不受信任的来源接收不受控制的输入	• 验证并限制输入的大小。验证输入的大小（边界检查），否则可能会导致内存问题，例如缓冲区溢出和注入攻击等。如果验证并限制输入大小失败，则会导致数据被写入分配的空间之外，并覆盖堆／栈的内容。实施接近使用（不仅仅是在 GUI 上！）的输入验证，以防止格式错误／意外输入。 • 假定所有输入都是恶意的，并相应地进行保护。将所有输入视为恶意。在执行输入操作之前，至少要验证输入并清除输出。这提高了应用程序的整体安全性。在验证输入时，使用已知的好方法，而不是已知的坏方法。 • 始终在服务器端进行输入验证，即使输入经过了客户端的验证，攻击者也可以轻松绕过验证。 • 考虑在输入之前对输入进行编码。 • 考虑以编码形式存储输入。例如，URL 编码的非字母数字字符。当用户输入附加到响应并显示在网页上时，输出的上下文敏感编码有助于防止跨站点脚本（XSS）。完成编码的类型和上下文与进行编码一样重要，因为如果编码不正确，可能会出现 XSS。你可以在这篇出色的 OWASP 文章中阅读有关上下文敏感编码的更多信息（*https://oreil.ly/hfW-f*）。 • 考虑在处理链的下游将在何处以及如何使用输入。如果来自你的应用程序的潜在恶意输入正被发送到下游应用程序，并且下游应用程序隐式信任从你的应用程序接收的数据，则可能对它们造成危害。为防止这种情况，请确保将所有输入视为恶意输入。相应地验证输入并在将数据输出到下游应用程序之前对其进行编码。 • 确保当输入来自不受信任的来源时，不要按原样使用输入。在执行输入之前，请先验证输入。这提高了应用程序的整体安全性。在验证输入时，使用已知的好方法，而不是已知的坏方法。

表 5-2：摘自 Autodesk 安全开发者清单（续）

If-This	Then-That
从不受信任的来源接收不受控制的输入	• 验证使用数据的解释器是否知道它们将使用受污染的数据。某些语言（例如 Perl 和 Ruby）能够进行污点检查。如果变量的内容可以由外部行为者修改，则将其标记为已污染，并且不会参与安全敏感的操作，因而不会出错。某些 SQL 解释器也提供了此功能，如果你碰巧正在开发自己的解析器 / 解释器，我们建议你实现此功能。 • 使用解析规范通知质量检查人员（QA）创建模糊测试。模糊测试会抛出各种大小的随机数据——超过、低于和恰到好处——以测试解析器和其他接受用户输入的函数在边缘条件下的行为方式。如果你创建了一个接受和"理解"用户输入的函数，请确保与你的质量检查小组进行交流，以便他们可以开发相应的测试来验证你的解析。
添加网络（或类似网络、REST）功能	• 使用授权进行保护。授权强制某人对实体或操作拥有权限。 • 你必须确保对所有新功能都执行最小权限访问控制策略。你可以为粗粒度授权进行设计，但为细粒度授权保持设计的灵活性。 • 通过身份验证进行保护。你必须确保所有新功能都通过身份验证进行保护。通过使用强大的身份验证机制（如 SAML 或 OAuth）来验证用户、实体或服务器，确认其身份。 • 验证令牌、数据头和 cookie 的使用，将其作为来自不受信任来源的不受控制的输入。永远不要信任来自请求头的输入，因为此数据可以由客户端的攻击者操纵。像对待任何其他潜在恶意数据一样对待这些数据，并按照"从不受信任的来源接收不受控制的输入"项中所述执行步骤。 • 正确使用 TLS，并适当检查证书。请勿使用过时的 TLS 版本。TLS 连接不要使用损坏或过时的密码。确保使用足够大小的密钥。确保证书本身是有效的，并且证书上的公用名与提供证书的域匹配。确保提供的证书不属于证书吊销列表（CRL）。这不是要在 TLS 和证书中查找的内容的详尽列表。你可以阅读这篇简短的文章（*https://oreil.ly/GvalS*）以获取有关如何正确设置 TLS 的更多信息。 • 使用 POST 而不是 GET 来保护调用的参数免受暴露。使用 POST 在请求的正文中发送敏感数据比在 GET 请求的 URL 中将数据作为参数发送更为安全。即使使用 TLS，URL 本身也不会被加密，并且可能会存储在日志、浏览器等地方，导致敏感信息的泄露。 • 确保会话不是固定的。固定会话是一种以更改标识符的方式进行操作的会话，以跳出用户的有效范围并进入另一个用户。例如，如果给定的 URL 接受任何会话 ID，这些 ID 取自没有安全验证的查询字符串，那么攻击者可以使用该 URL 向用户发送电子邮件，并附加他们自己精心编制的 session_id：*http://badurl/?session_id=foo*。如果目标被欺骗，点击 URL 并输入其（有效且预先存在的）凭据，则攻击者可以使用预设会话 ID foo 劫持用户的会话。因此，请提供纵深防御：使用 TLS 保护整个会话免受拦截、在首次登录后更改会话 ID、为每个请求提供不同的 ID、在注销后使过去的会话无效、避免将会话 ID 暴露在 URL 上，并且仅接收服务器生成的会话 ID。

表 5-2：摘自 Autodesk 安全开发者清单（续）

If-This	Then-That
添加网络（或类似网络、REST）功能	• 确保密码的安全存储和可访问性。加密方式的好坏取决于如何保护它。使用密码或密钥时，务必始终保护它们。在使用变量后立即清除变量，尽量减少它们在内存中的可用时间。任何情况下都不要使用硬编码的密码。遵循行业中密钥和密码管理的最佳实践。 • 确保标识符的高质量随机性。对所有标识符使用随机性足够强的值，以确保攻击者不容易预测它们。使用加密的安全伪随机数生成器为标识符生成一个至少具有 256 位熵的值。
通过网络传输数据	• 确保在传输过程中不存在数据嗅探。为了保护传输中的数据，你必须在传输之前对敏感数据进行加密或使用 HTTPS/SSL/TLS 等加密连接来保护数据，以免数据在传输过程中被嗅探到。 • 确保数据在传输中不会被篡改。根据你的用例，你可以使用散列，MAC/HMAC 或数字签名来确保数据的完整性。阅读本文以获取更多信息（*https://oreil.ly/ce0LA*）。 • 确保数据无法重放。你可以在传输数据之前使用时间戳或随机数来计算数据的 MAC/HMAC。 • 确保会话不会被劫持。确保会话 ID 足够长，并且是随机加密的。确保会话 ID 本身通过 TLS 传输。尽可能在会话 cookie 上设置 Secure 和 HTTPOnly 标志。还要确保你不容易受到会话固定的攻击。阅读此 OWASP 文章以获取更多信息（*https://oreil.ly/6Nejw*）。 • 确保你不依赖于客户端来保护、认证或授权。客户端在完全由用户控制的环境中运行，因此也由攻击者控制。如果你的安全控件依赖于客户端，则可以绕过它们并暴露敏感数据和功能。例如，考虑到攻击者可以通过多种机制（例如，通过使用代理）对其进行修改，仅使用 JavaScript 在浏览器上验证凭据或安全属性是不够的。客户端不应对安全性决策负责，而应将相关数据传递给服务器并将其用作安全性决策。适当的解决方案可以提供客户端验证以用于反馈，但不提供服务器端安全控制应用程序。
创建一个绑定计算或存储的进程	• 如果流程因任何原因出现问题，请确保不会引发对其他用户/行为者的拒绝服务。实施以下最佳实践以避免拒绝服务情况： 　◆ 使用容错设计，以使系统/应用程序在发生故障时能够继续其预期的操作。 　◆ 防止单点故障。避免/限制 CPU 消耗操作。 　◆ 保持短队列。 　◆ 正确地管理内存、缓冲区和输入。 　◆ 实现线程化、并发性和异步性，以避免在等待大型任务完成时出现阻塞的操作。 　◆ 实施速率限制（控制进出服务器或组件的流量）。

表 5-2: 摘自 Autodesk 安全开发者清单 (续)

If-This	Then-That

创建安装功能或补丁功能	• 确保你的安装程序已签名。根据定义，安装程序包含要安装在目标主机中的二进制文件和负责该安装的脚本：使用其权限创建目录和文件、更改注册表等。很多时候，这些安装程序运行时具有更高的权限。因此，在向用户确认他们将要执行的安装程序确实仅包含受信任软件的安装程序时，请格外小心。
	
	• 确保你的密钥可以转换。密钥必须定期进行更改，这样的话，即使密钥信息被泄露，也只会泄露少量数据。支持执行密钥转换的功能：
	
	  ◆ 周期性地，由于 SOC2 或 PCI-DSS 等合规性要求，密钥必须每年轮换一次。
	
	  ◆ 根据突发事件，可根据需要撤销密钥提供的访问权限。

创建作为流程的一部分的 CLI 或 execute 系统命令	• 假设所有输入都是恶意的。在执行操作之前，至少要验证输入并清理输出。这提高了应用程序的整体安全态势。在验证输入时，使用已知的好方法，而不是已知的坏方法。即使在客户端上也要始终在服务器端执行输入验证，因为攻击者可以轻松地绕过客户端输入验证。 • 确保不能将无关命令作为参数注入。在构建将由任何类型的解释器、解析器等执行 eval() 或 exec() 的查询和命令时，必须确保对输入应用了正确的验证、转义和引用，以避免注入问题。在解释器端，请确保你使用的是可调用程序的最安全版本，并且（如果存在的话）要让解释器知道传入的数据已污染。 • 确保没有向攻击者提供权限提升向量（最低权限）。在决定进程或服务所需的权限数量时，请记住它应该仅与该进程或服务需要的一样多。例如，如果你仅查询数据库，则你的凭据不应该是可以写入数据库的用户的凭据。不需要提升权限（root 或 Administrator）的进程不应以 root 或 Administrator 身份运行。 • 确保将命令的访问范围限制在要进行的文件系统的那些操作和区域（输入验证和最低权限）。例如，如果你正在接受与文件相关的操作的输入，请确保在接近执行时（不在 GUI 上）验证你尝试访问的完整路径，确实位于你希望用户访问的区域。确保考虑了修改路径范围的字符串，例如 " .." 和前导 " /"。访问文件或目录时考虑链接。始终使用路径的规范格式（而不是相对路径）来执行命令。 • 确保用于执行命令的语言机制没有不安全的副作用：一个流行的例子是 PyYAML 库中的 yaml.load() 函数。它允许攻击者在 YAML 文件中提供 Python 代码，然后执行该代码。即使它是所需用途的正确函数，也应使用 yaml.safe_load()。文档中已记录了这种差异，但是许多差异并未引起注意。这就是为什么你需要了解读取、解析和执行代码时函数的副作用。示例是 exec()、eval()、任何类型的 load()、pickle()、序列化函数和反序列化函数等。请参阅本参考资料，以获得对这个流行问题的深入分析，但这是在 Ruby 环境中进行的（*https://oreil.ly/bK8Fw*）。

表 5-2：摘自 Autodesk 安全开发者清单（续）

If-This	Then-That
创建作为流程的一部分的 CLI 或 execute 系统命令	• 首选使用完善的命令执行库，而不是创建新的命令执行库。如果你尝试迭代自己的命令执行库，则可能会忘记特定而晦涩的字符引号、黑名单、白名单，或者另一种操纵输入以绕过过滤器的方式。优先选择一个成熟的、经过尝试的、经过测试的库，以免你承担责任。当然，与此同时，一定要选择一个良好的库，并密切关注它的任何警告、更新和错误修复。
增加可以销毁、更改或使客户数据或系统资源无效的功能	• 在执行应用程式之前，应考虑添加双因素身份验证作为屏障。双因素身份验证是一种额外方法，为攻击者执行未经授权的操作提供额外的保护层。双因素身份验证必须是额外的，并且与主要身份验证方法（你知道、存在或拥有的信息）不同。例如，如果你在使用浏览器时使用密码（你知道的信息）登录，则双因素身份验证的方法可能是使用硬令牌获取随机值。
	• 确保不能将无关命令作为参数注入。在构建将由任何类型的解释器、解析器等执行 eval() 或 exec() 的查询和命令时，必须确保对输入应用了正确的验证、转义和引用，以避免注入问题。在解释器端，请确保你使用的是可调用程序的最安全版本，并且（如果存在的话）要让解释器知道传入的数据已污染。
	• 验证正在记录操作的时间戳和请求者的身份。要跟踪攻击者的恶意行为，重要的是既要记录进行更改的人的身份，又要记录更改的时间。通过这种方式，如果攻击者接管了账户，则可以通过验证账户所有者的活动来查明恶意行为。
添加日志条目	• 确保你没有记录敏感信息（密码、IP、cookie 等）。在出现问题的情况下，尝试记录尽可能多的信息是很诱人的。但是，此方法可能无法达到 GDPR 等合规性目标，在某些情况下，这可能会暴露敏感信息，例如，明文形式的密码、敏感的 cookie 内容等。请确保从用户收集的数据不会超过严格必要的数量。确保你的日志记录不会保存超过所需的内容，也不会超过必要的时间，尤其是在处理个人数据和敏感数据时。
	• 努力为记录的消息提供不可否认的功能。安全事件不是是否发生的问题，而是何时发生的问题。为了为该事件做好准备，我们希望向任何调查问题的人提供及时和详细的信息。为此，我们需要向他们保证，他们在日志中看到的所有消息不仅是正确的，而且还会出现在日志中，只是作为报告的操作的结果。验证日志不能被未经授权的用户修改（配置），它们是按顺序接收的，并且它们的来源是明确的。如果可能，为日志条目实施签名机制。

除了"If-This-Then-That"格式外，该清单有几个方面的内容需要澄清。首先，你会注意到指导语言的简洁使用。有些地方引入了更复杂的问题，但不多。这样一来，你就可以开始研究该问题，但又不至于不知所措。

其次，列表尽可能简洁。

再次，有些条目的重复是有意为之的。请记住，重复使用可以帮助开发者创建肌肉记忆。

最后，故意滥用"确保"一词。你如何"确保"某事？通过详细了解它。如果你不能"确定"，那么会感到疑惑，那些问题需要安全专家或有见解的同事来回答。使用"确保"是鼓励进一步研究和交流的动力：除非你确定，否则就无法"确保"。

一旦开发人员选择了一个故事来实施，就应该牢记用"安全开发者清单"进行评估。如果故事具有安全性价值，即它将以任何方式改变威胁模型，或者在实现的紧邻范围之外具有安全隐患（例如，它创建了另一个系统将使用的输出，因此需要签订安全合约）。然后，该故事会收到一个 potential-tm-update 标签，威胁模型管理者将考虑这个标签，以及我们之前描述的结果。如果包含安全性值，则开发者可以安全地实施故事，并在票据中添加足够的信息以允许进行记录。威胁模型的文档重点在于"这个故事提出了这些威胁，这是团队如何缓解它们的方法"。这样可以确保下次访问完整威胁模型时不会对威胁进行重新评估，并确保有足够的信息来确定缓解措施的有效性。

随着时间的推移，我们已经看到开发者在查看清单之前就开始实施故事。但是，随着他们对列表的熟悉，他们在实现之前先对其进行引用。这样一来，他们就可以考虑可以采取哪些措施来消除或更充分地缓解已发现的问题[注6]。

用数字来表示，当开发者在不查看清单的情况下开始实施故事时，他们需要额外的时间来确定问题和相应的补救措施，我们称其为 T1。一旦开发者对开始使用清单感到满意之后，他们仍然需要时间进行分析和补救，我们称之为 T2。因为开发者在开发之前就使用了清单，所以 T2 < T1，这仅仅是因为反复使用清单使开发者能够快速查看和识别问题，并安全地进行编码。随着时间的推移，T2会进一步缩短，从而给你和你的组织带来更大的增量，使他们能够证明持续威胁建模的有效性。但是，事实是，不断变化的环境始终具有学习曲线，并且开

注6： Brook S. E. Schoenfield 在记录他在 McAfee 的工作时报告了类似的结果。将威胁模型作为一种通用知识工具打开了该模型，该工具可在 Agile 站立室中使用。因此，根据他的经验和我们的经验，我们了解到将发现提供给开发者的重要性。

发者不断朝着不同的方向发展。T2 将会缩短，但可能会随着技术的变化和开发者需要适应而反弹。

5.4.5 实地调查结果

目前，A-CTM 已在 Autodesk 中使用了大约 5 年时间，并且开始在 Autodesk 之外使用。反馈（尤其是来自应用程序安全社区的反馈）大多是积极的。任何批评都具有压倒性的建设性，并且在此过程中直接改善了方法论。

2020 年 1 月，Allison Schoenfield 和 Izar 提出了使用 A-CTM 的一些初步结果[注7]。Schoenfield 不断收集信息以度量和改进方法，但是现在你可以检查一些初步发现：

- 开发团队似乎以不同程度的热情接受 CTM，这主要基于他们的企业文化。拥有更加独立、以研究为导向的文化的团队似乎更愿意自己动手，而具有更严格背景的团队有时会感到缺乏指导，或者被认为缺乏该方法提供的指导而不知所措。对于这些团队来说，来自 AppSec 团队的安全专家的存在和干预是非常宝贵的，而且很难取代。

- AppSec 团队较少参与威胁建模的日常执行和审查周期，这减轻了小型团队为许多产品团队服务的负担。必须相应地调整年度（或主要功能）审查时间。鉴于 Autodesk 目前维护着 400 多种产品，一旦所有团队都采用 A-CTM，就需要持续进行审查。必须管理此队列并保持平稳运行，这确实给团队带来了一定的工作量。AppSec 团队必须制定审查指南并与产品团队达成一致。AppSec 团队还将以前的发现制成表格，寻找指向要关注的领域和问题的模式，以防它们没有出现在主题列表中。

- 威胁模型报告标准的使用进一步减少了 AppSec 团队的工作量，因为它使安全工程师和架构师能够互相进行审核，而无须花费太多的精力来查找正在审核系统所需的详细信息。安全工程师和架构师之间的对话十分便利，因为所有内容始终都在同一地方。

- 大多数产品团队对系统的演进特性表示满意。由于他们可以在系统的"正确时间"识别威胁和发现时进行持续讨论，因此他们感到能够以有效的步伐和时间对问题做出响应，从而减少积压的安全问题的数量。

注 7： 艾莉森·斯科恩菲尔德和伊扎尔·塔兰达奇，"扩大规模很难做到—威胁建模封面"，YouTube，2020 年 2 月，*https://oreil.ly/xobBx*。

- 由于这种方法的演进性质，遗漏的缺陷会受到较少的责备，取而代之的是一种更具支持性的教育方法。

总体而言，我们认为 CTM 正在实现预期的结果。该方法论绝不是完美的，但我们期待你的参与可以使其更完善。

5.5 小结

在本章中，你了解了如何将威胁建模从单点活动升级为持续活动。它可以以一种许多组织都可以采用的方式融入开发结构，从使用瀑布方法的组织到更加面向敏捷的组织，再到具有更独立、更严谨、更扎实文化的团队。我们向你展示了如何通过创建双速进程来克服创建"现在的样子"威胁模型的初始速度障碍，以及如何迭代系统中的新增功能（无论它们以哪种速度发生！），以使威胁模型保持新鲜，并与开发保持同步。

希望你能够在自己的环境中使用此方法。获取 Autodesk 存储库并添加你自己的修改——不要忘记与威胁建模社区共享它！

第 6 章

领导组织的威胁建模

你不能让别人听你的。你无法让他们执行。这可能是一个简单任务的临时解决方案。但是要实施真正的变革，促使人们去完成真正复杂、困难或危险的事情，就不能让人们去做那些事情。你必须领导他们。

——Jocko Willink

在本章中，我们提供了常见问题的答案，以及在前几章中没有涉及的方法和角度。我们使用问答方式来解决每天遇到的问题。这些问题来自各个方面：与我们合作的开发团队、我们的直接管理层或他们的团队，同行，有时是我们自己。我们希望他们能让你更加了解威胁建模者、安全从业者和变革领导者的意义。

6.1 如何通过威胁建模获得领导地位

问：我们团队的领导层并不完全认同威胁建模的价值。他们看不到拥有这种能力的好处，也看不到为建设这种能力而进行必要的投资的好处。作为安全倡导者或专家，我能做些什么来获得他们的认可？

答：提醒他们如果不这样做会发生什么。领导层可能不了解威胁建模对系统安全或质量的影响。

你可以尝试使用两个不依赖于"专家说我们应该"的主要论点（这个论点更倾向于将额外的钱花在顾问身上，而不是获得价值）。试着告诉你的领导如下内容：

- 如果开发团队成员进行分析，他们将更加了解系统的细节。这将缩短他们在需要时修改的时间，并促进安全文化的兴起。

- 该练习本身是一种教育工具，可以提高开发团队对安全系统的认识。即使在练习中没有发现任何缺陷，他们也会对未来的安全发展有更高的认识。

如果可以，利用现有的产品数据来巩固自己的地位：

- 你的系统是否存在设计问题引起的缺陷？

- 发现这些缺陷是否为时已晚？

- 它们是否对客户或业务造成影响？

- 修复它们的时间或成本是多少？

如果你在维护一本风险登记册或仅拥有一个缺陷列表，请捕获此成本和价值信息，以用于构建部署此功能的案例。如果你能够证明减少系统中的问题是有价值的，并证明可以以一种将解决问题的成本降至最低的方式来完成（例如，通过尽早使用此功能来首先完全避免出现问题），那么领导层很可能会支持你的提议。

另外，还可以使用跨行业资源，例如，SAFECode 或建筑物安全成熟度模型（BSIMM）。虽然这些可能属于"专家说我们应该"的范畴，但 SAFECode 是一个联合体，BSIMM 是一组来自不同垂直领域公司的调查结果，两者都指向支持数据，表明威胁建模作为一种实践对有效的产品安全计划至关重要。这样，"谁这么说"就变成了知名公司的经验。

最后，指出总体结果将通过创建一个框架来识别和缓解设计中的问题，同时生成安全测试和文档，从而带来更安全的产品。这种做法应该成为受过良好教育的领导者的有力论据。

6.2 如何克服产品团队中其他成员的阻力

问：管理层认为威胁建模是个好主意。他们已经了解了在生命周期的早期执行此关键活动的价值。但是我遇到了队友的阻力。我该如何克服这种阻力？

答：首先，你需要了解阻力的根源。与其他开发者交谈并了解他们的痛点。他们可能觉得自己没有必要的经验，或者害怕错过重要的事情而被指责。也可能提出的方法与他们的整体开发方法不符，又或者他们被其他需求压得喘不过气来，没有时间再满足其他需求。

三方面行动：

消除责备

威胁建模应该是对系统设计的无懈可击的探索过程。没有人会自觉地做出导致缺陷的决定（当然，除非他们是"恶意内部人员"）。做这种工作需要一种"要么赢，要么学"的心态。

适应方法

你可能会听到一些常见的抱怨："它太麻烦了""它会让我们慢下来""我们可以编写代码或记录设计，它会带来什么？""我们对安全性了解不够"，等等。如果团队对使用的方法不感兴趣，看看你是否能找到一种团队可以接受的方法。不要害怕从小处做起，随着实践得到更好的接受而成长，还记得我们提到的过程应该是演进的吗？除了分析的深度或发现的"优点"之外，这个过程还应该随着更好地被接受而演进。

引进专家

尤其是在对现有的、复杂的系统进行第一次威胁建模时，由于存在大量的可能性，这项任务令人望而生畏。让威胁建模专家为团队提供咨询，或者至少提供演示，可以极大地帮助他们朝着正确的方向前进。提醒团队，专家的作用不是批评设计，而是提供输入和指导，帮助设计变得更健壮、更有弹性和更安全。

记住，从小处做起，做好准备，而不是做大而失去将实践添加到组织的安全开发生命周期中的机会。

6.3 如何克服威胁建模中的失败感

问：团队已经加入，管理层也很支持，但我们觉得在威胁建模方面失败了。我们如何知道自己是否真的失败了，或者这只是恐慌或不确定性的开始？在这两种情况下，我们能做些什么来取得成功？

答：如果你有管理层的支持并且团队已经加入，那么你已经具备了建立成功的威胁建模实践的基本要素。但是我们承认，这还远远不够。让我们首先定义在这种情况下成功意味着什么。问自己几个问题，并仔细考虑答案：

你能够使用系统的关键方面以及所有主要部分来创建系统模型吗？

团队是否同意系统模型（又称系统抽象）与设计或实现的实际系统匹配？

你是否可以指出系统中重要资产、资源和数据的位置，以及如何保护它们免受攻击？

你是否可以确定单点故障、外部依赖和"看起来不合适的东西"？

如图 6-1 所示，如果你对前面提出的任何问题的回答为"否"，那么即使在进行威胁分析之前，你仍会感到失败。相反，你应该更仔细地研究如何处理系统建模任务。

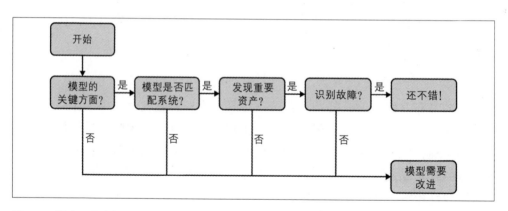

图 6-1: 问自己几个问题

很多时候，收集信息并让每个人都同意你放入系统模型的内容代表了正在考虑的实际系统，这比识别针对它的威胁要困难得多。当你发现实现与文档中的设计不匹配时，还记得我们提到过"尤里卡"时刻吗？如果是这样，也许是时候让整个团队一起更新系统的抽象，而不是继续威胁建模练习了。在讨论团队目前面临的挑战的根本原因时，要小心避免谈论 GIGO，因为系统模型中的混乱或不完整与故意误导或垃圾数据不同。通过指出差异，让团队对执行此练习的团队建立信心，并让团队集体采取行动，以确定哪里出了问题，确定模型中必要的更改以消除差异，并满怀信心地继续进行，同时知道你有一个可靠的、有代表性的模型可供使用。

如果你对先前提出的问题的回答是"是"，则说明你正在构建有效的系统模型，但是分析抽象以识别威胁可能是一个值得关注的领域。每个团队成员都应该问自己：

1. 威胁建模练习是否产生有效的发现？
2. 你是否从以前不知道的有关系统的信息中学到了什么？
3. 你是否能够纠正已经发现的任何缺陷？

再次重申，威胁建模是一个演进的过程（请参阅第 5 章）。与其试图一劳永逸（特别是对于刚接触该实践的团队），不如采用一种方法，允许定期和不断地进行评估和发现，这样你就可以不断地学习和发现缺陷。

如果你能面对这组最新的问题回答"是"，你就不会失败。你已经在从这个过程中提取价值了！如果你仍然有失败感，则需要对自己的能力建立信心。

这里的自信来自经验和价值感，识别团队的发现何时会产生影响。识别质量检查团队的质量问题是否减少了？安全扫描程序在上次运行中发现的结果是否更少？你的漏洞赏金计划的提交数量是否有所变化？从下游功能中获取数据，并将其与威胁建模练习的结果相关联，并确信你已经获得的结果对系统的整体运行状况和安全性产生了有意义的影响。完整性不是成功的必要条件，所以此时不要担心完美。

在考虑可能导致系统模型挑战的错误原因（即抽象）时，请考虑团队容易出错的一些常见领域：

- 如果没有合适的人参加系统抽象的创建，则会导致传闻、错误记忆或误解设计。重新检查谁在为模型做出贡献，并让其他人对系统设计有直接的了解[注1]，或者与有经验的人进行交流，以获得参与者的第一手经验。

- 不清楚或不明确的要求可能导致设计中的假设或混乱，这是先前的"禁止使用 GIGO"规则的例外，你应该仔细研究。如果设计团队因为需求造成的

注1：　当然，假设这些人仍然可用。

混乱而无法正确地实现系统，那么成功几乎是不可能的。但不要将责任推卸给负责定义需求的产品经理或其他利益相关者。作为需求获取过程中的利益相关者，策划有责任确定需要改进的领域，并支持创建可导致最终设计正确性的需求。利用"失败"在威胁建模中取得成功，以此为支持未来可设计性的需求确定质量规则。威胁建模的结果可以在生命周期的上游和下游发挥作用，可以通过展示这一点来建立信心。

- 在处理第三方组件时，硬件或软件功能的不确定性或混淆可能会导致在最终的系统设计中对功能的错误假设。根据所涉及的系统组件的特性和约束，请确保系统抽象具有正确的信息。根据抽象细节识别弱点。通过让团队成员将这些知识分享给其他团队成员（例如，质量团队或构建团队）来建立信心。如果在设计人员或开发人员层面上存在困惑，那么项目的其他成员可能也会感到困惑，而知识共享是一种很好的方式，可以在导致构建抽象和系统信息的活动中展示能力和价值。它还可以打通沟通渠道，为系统建模参与者提供额外信息，促进更有效的威胁建模练习。

如果你做了这里提到的所有事情，你的威胁建模仍然无法产生有效的发现，那么也许是时候请一位专家来提供帮助了。专家还可以帮助你制定一个培训计划，重点关注基础知识而不是公式。例如，为什么混合使用外部提供的数据和 SQL 查询可能是一个坏主意，而不是"使用对象关系映射器（ORM）"注2。这将使你的团队能够更深入地了解系统的功能，识别更多战术威胁，并能够通过添加中间层"消除"所有类型的威胁，在设计中包括安全性。你的团队将在被重视的行动中获得信心，在某些情况下，带来的价值可能不完全与安全相关，这是可以的。

6.4 如何从许多类似的方法中选择威胁建模方法

问：在所有探索的威胁建模方法中，有什么共同点？在大多数（如果不是全部）方法中都可以识别的威胁模型的绝对需求是什么？

答：你听说过蒂姆·托迪（Tim Toady）吗？他以 TIMTOWTDY（"有多种方法可以做到这一点"，Perl 编程语言的指导原则）而广为人知。到目前为止，你已经知道它绝对适用于威胁建模，并考虑了你的环境、团队、开发方法以及我们

注2：　M. Hoyos，"What Is an ORM and Why You Should Use It"，Medium，2018 年 12 月，*https://oreil.ly/qWtbb*。

在前面各章中探讨的其他因素。但是，尽管有多种选择，但必须满足一系列共同的需求，以便最终得出适当、有用和有代表性的威胁模型。

系统建模

将系统转换为描述性表示的能力，可以根据系统中每个组件的特征和属性进行操作。

风险识别

遍历系统模型并识别所面临风险的种类以及如何将其实现为漏洞的能力。

风险分类与排名

了解哪种威胁比另一种更严重、为什么更严重以及它们以何种方式影响系统的正式方法。

跟进

一种方式，确定威胁被解决或缓解，或至少组织认为该威胁风险不高。

知识共享

每一种方法的本质都促进了团队成员和利益相关者之间的交流，其影响超出了即时安全需求。

结果数据收集

一种反馈机制，用于度量结果数据的质量以及与结果数据的关系。研究结果的平均重要性。为了最有效地进行教育和规划，最好通过使用总体安全的设计模式、库和工具来缓解影响的领域和主题。

如果你能够找到或开发适合你的开发团队的方法，那么你已经找到了实现该目标的方法。归根结底，如果你有有用的发现（适用于你的系统；已被识别、分类和排名；已经确定了缓解措施），则你的团队正在学习并变得有安全意识，并且你的系统已得到很好的表示和分析，你可以满足威胁建模的所有需求，并从威胁模型中受益。

6.5 如何传递"坏消息"

问：我有一个威胁模型和它产生的结果，我如何组织它们进行演示和跟进？如果我必须给每个人传递坏消息怎么办？

答：有时，你的威胁模型发现表明，是时候回到设计阶段，修复系统的基本设计缺陷了。你可以通过一些基本的建议来降低坏消息带来的负面影响：

- 保持一个明确定义的评级体系，并为所有利益相关者所理解。
- 构建可信且可实现的攻击场景，使安全背景有限的读者能够理解漏洞将如何被攻击者利用。
- 以不同级别的利益相关者——管理层、QA、开发人员和风险评估专业人员可以使用的方式呈现调查结果。

如果适合你的，请附上一个描述调查结果的小型商业案例，如此处所示：

攻击者伪装成经过身份验证的用户，能够在我们的产品反馈页面的评论字段中注入恶意 JavaScript 代码。当其他用户（无论是否经过身份验证）访问这些页面以阅读发布的反馈时，该 JavaScript 代码将在其本地浏览器的上下文中运行，并能够提取敏感信息（如会话标识符），在某些极端情况下还会涉及凭据。

这些信息可以用不同的方式编写，使用开发人员能立即理解的技术术语。例如，"你的评论字段中有跨站点脚本缺陷"。这会更简洁，但任何没有安全意识的读者都无法理解。同样，你可以添加 CVSSv3 分数作为关键性的度量标准（为了讨论的目的，让我们使用当前接受的行业标准），并添加风险为" CVSS:3.0/ AV:N/AC:L/PR:N/UI:R/S:U/C:H/I:N/A:N 6.5 Medium"。这可能会让一位正在寻找影响时间可能性分类的风险专业人士望而却步。

传达坏消息从来都不是一件愉快的事，但清晰的表述可以大大促进积极的更改。清楚地披露事实，并包括调查结果可能依赖的任何假设，以便所有利益相关者更容易理解更改和修复的必要性。对每个目标利益相关者使用正确的语言和表示形式将确保没有歧义，并且每个人都有驱动决策过程所需的数据。

6.6 采取什么行动才能获得公认的发现

问：一旦我对调查结果进行了记录和排名，就应该制定补救的时间表。我怎么知道该修复什么、何时修复，以及还有多长时间需要修复？

答：这因组织而异，甚至因环境而异。使用组织的风险评级系统和风险接受策略来解决这一选择。考虑一个具有大量用户的基于 Web 的系统中的关键漏洞的例子，这类问题的优先级可能高于一个关键漏洞，该漏洞针对的是无法从本地网络外部访问的桌面客户端（因为这两种情况的风险级别不同）。重要的是一致性。对于每个给定的关键级别，在允许的时间内设置一个策略或服务级目标来解决问题。如果你对外承诺要在一定时间内解决缺陷（例如，"每个外部报告的关键漏洞将在三个工作日内得到修复"），请对内部确定的漏洞使用相同的期限。仅在真正必要的情况下才允许例外，否则大家不会认真对待。

异常的有效例子可能是在应用程序的核心中发现的设计缺陷，这将需要对系统的大多数组件进行重大更改。在这些情况下，可能有必要通过在开发过程中增加更多的"障碍"来间接减轻影响，而不是停止一切，直到缺陷得到纠正。相反，一个无效异常的例子是"我们现在没有时间"。如果你认为现在时间很短，想象一下，当漏洞出现时，事情会变得多么匆忙，你必须马上解决问题。如果你可以为某个特定发现的重要性提供有效的理由，那么将其推论为在给定的时间承诺内解决该发现的需求就应该是必然的。否则，你只是在创建记录在案的担保债务，准备在"以后"解决。

将发现视为错误，但保留额外的信息层。通过将你的发现保存在缺陷跟踪系统中，清楚地标记为源自威胁模型，你将能够保持其缓解措施的运行历史，并及时回顾并提取足够的信息以更好地了解你和你的团队的表现。添加有助于你对发现进行分类的元数据，以便你可以查找模式。例如，如果事实证明大多数缺陷都被标记为威胁模型来源的授权问题，那么也许是时候放慢速度，让所有人都来讨论授权原则了，并考虑提交一个设计模式，集中系统中的所有授权请求。这会导致建立一个标准"这就是我们对产品做授权决策的方式"，然后该标准成为开发指南。团队中的新成员会将其视为公认的标准，随着时间的推移，授权问题将逐渐消失（或演变为需要解决的不同授权问题）。

同样重要的是要考虑到不同的角色会对同一发现的不同观点感兴趣：质量保证和开发人员将需要尽可能多的细节，而管理层可能只想要一个运行标签（希望下降！），产品所有者和项目经理可能会对不同发现中的新兴模式更感兴趣。通过以允许查询的方式存储发现的详细信息，尽可能地自动生成这些视图非常重要。而且，所有这些数据都必须受到严格的访问控制。

6.7 错过了什么

问：通过渗透测试、漏洞奖励和实际的安全事件，我不断发现设计级别的问题，我在威胁模型期间是否错过了某些东西？

答：可能吧，不过没关系。渗透测试、专注于安全问题的质量保证，以及（最近）漏洞奖励都是问题的来源，需要进行相同的排名和缓解。但总是有一个问题——如果威胁建模如此出色，为什么在这些其他活动已经成为产品的一部分之后，它没有识别出这些活动发现的问题？

威胁模型和它的发现之间有明显的区别。威胁模型不应该是时间点活动，它是一个随系统抽象而变化的动态文档。威胁模型发现的结果提供了改进的机会。为了促进版本之间以及可能在不同产品团队之间的沟通和理解发现，我们建议你遵循一致的格式，以减少重新访问威胁模型、在人员之间传递威胁模型的责任，以及当人员转移到其他团队时的工作量。

最重要的是，一个完整的威胁模型需要被归类为敏感模型，并在完成后进行相应的处理，因为它包含有关如何攻击系统的实用蓝图。

威胁建模是一个不断演进的过程。今天的威胁模型需要比昨天的模型更好，明天的模型需要更好。为此，团队成员需要不断学习，让完成威胁模型之后的发现是新领域的重要来源，在下一次进行威胁建模时，团队需要更加努力地寻找新领域。每隔几个月就要重新检查自己的做法，并尝试找出需要较少关注的区域（因为组织已经适当地处理了它们，或者至少学会了如何操作）和需要更多关注的新威胁领域，这一点很重要，因为它们被确定为组织的薄弱领域，或研究人员最近发现了它们，或者它们是系统安全债务的一部分。

接受打击并学习，回到起点，重新开始。

6.8 小结

我们期望这些常见问题的解答为你提供足够的信息和背景，以帮助你与其他利益相关者进行相关讨论。通过这些讨论，你可以识别启动威胁建模实践时的常见障碍，并快速处理很多常见问题。

6.9 进一步阅读

以下是一些额外资源：

- Adam Shostack 的博客"Adam Shostack & Friends"。

- *Securing Systems: Applied Security Architecture and Threat Models*，作者 Brook S. E. Schoenfield（CRC Press）。

- *Threat Modeling: Designing for Security*，作者 Adam Shostack（Wiley）。

- *Designing Usable and Secure Software with IRIS and CAIRIS*，作者 Shamal Faily（Springer）。

- *Risk Centric Threat Modeling: Process for Attack Simulations and Threat Analysis*，作者 Tony UcedaVélez 和 Marco M. Morana（Wiley）。

附录

实例

我们相信，从构建系统模型、获取系统信息以及分析潜在漏洞和威胁的抽象知识，你已经深入了解了威胁建模的过程。在这里，我们将引导你通过一个实例来巩固你的理解。

 由于这是一个静态文档，缺乏威胁建模通常需要的交互级别，因此以下过程步骤被精简为"准备阶段"和"放弃结局"（这里没有破坏者！）。通过这种方法，你应该了解如何根据选择的方法来练习威胁建模。

A.1 高级流程步骤

以下是本示例中将遵循的高级威胁建模步骤：

1. 识别正在考虑的系统中的对象。

2. 识别这些对象之间的数据流。

3. 识别感兴趣的资产。

4. 确定对资产的潜在影响。

5. 识别威胁。

6. 确定漏洞的可利用性。

在识别出威胁后，提交缺陷，制定缓解措施，并与系统开发团队协调，以将缓解措施落实到位。在本示例中，我们将不讨论这些步骤，因为这是特定于组织的。

A.2 接近你的第一个系统模型

建模的基本过程从识别系统中的主要构建块开始，这些构建块可以是应用程序、服务器、数据库、数据存储等。然后确定每个主要构建块的连接：

- 应用程序是否支持 API 或用户界面？

- 服务器是否监听任何端口？如果是，通过什么协议？

- 什么与数据库通信？与数据库通信的内容是什么？它只读取数据，还是读取和写入数据？

- 数据库如何控制访问？

继续跟踪对话线程并遍历系统模型中此上下文层的每个实体，直到你完成所有必要的连接、接口、协议和数据流。

接下来，选择其中一个实体（通常是应用程序或服务器元素），其中可能包含你需要发现的其他详细信息，以便识别需要关注的区域并进一步分解。关注应用程序的入口点和出口点，以及在你关注的组件与其他组件或实体之间传输数据和其他消息的通信信道。务必识别通过通道传递的数据的协议、类型和敏感性。

 根据你在与团队合作期间识别的信息，使用注释更新你的系统模型。

在威胁建模过程中，你将需要利用对安全性原则等技术的判断等知识来收集信息以支持漏洞和威胁识别。

在你开始之前，请选择一种威胁建模方法，如果定义的方法需要图形模型，则定义要使用的符号集。在此示例练习中，我们将使用数据流图（DFD）作为主要建模方法，并包括可选的启动器标记。在此示例中，我们将不使用可选的接口符号或信任边界符号。

A.3 指导威胁建模练习

建模工作的领导者需要确保包括正确的利益相关方。邀请首席架构师（如果有的话）以及其他设计师和开发负责人参加会议。你还应该考虑邀请质量检查主管。鼓励项目团队的所有成员为模型的构建提供意见，但实际上，我们建议将参与者列表保持在可管理的范围内，以最大限度地增加参与者的时间和注意力。

如果这是你或你的开发团队第一次创建系统模型，请不要着急。你要向团队说明练习的目标或预期结果，还应该指出你期望练习进行多长时间、你将遵循的过程、你在练习中的角色以及每个利益相关者的角色。为防止小组成员之间彼此不熟悉的情况，请在开始会议之前，在会议室内进行介绍。

你还应该确定谁负责会议期间所需的任何笔记。我们建议你自己记录，因为它始终使你处于对话的中心，并为与会者提供专注于手头任务的机会。

在探索系统时，需要记住以下几点：

练习的时间很重要

太早的话，设计不能充分成形，而且会有很多人争论，因为不同观点的设计师会互相挑战，并展开激烈讨论。太晚的话，设计将被确定，威胁分析期间发现的任何问题都可能无法及时解决，这使得会议成为文档练习，而不是威胁分析。

不同的利益相关者对事情的看法不同

我们发现，特别是随着与会者人数的增加，在实际设计或实施系统时，利益相关者并不总是站在同样的角度。你需要能够引导对话以识别设计的正确路径。你可能还需要主持讨论，以免产生绕圈子的对话。也要注意窃窃私语式的对话，因为它们会带来不必要和耗时的干扰。这也导致了尤里卡的时刻，使得对设计的期望与实现的现实发生了冲突，并且团队应该能够识别那些约束条件在不受控制的情况下修改了初始设计的位置。

未解决的问题也可以

如前所述，尽管你可能会追求完美，但对遗漏的信息还是要能够接受，只要确保避免或尽量减少已知的错误信息即可。在模型中有一个充满问号的数据流或元素，比让所有内容都完整但有一些已知的错误要好。垃圾进来，垃圾出去，在这种情况下，不准确将导致不良分析，这可能意味着错误的威胁发现，更糟糕的是，隐藏在系统潜在关键区域的威胁没有被发现。

A.4 练习：创建系统模型

在此示例练习中，我们选择演示理论工业控制系统的过程。这是产品负责人的系统基本描述和简单细节：

该系统是减压阀的工业控制系统，产品代号为 Solar Flare。它由一个控制阀门的装置和一个读取接近阀门的管道中压力水平的传感器组成。这是一个"智能"阀门，它需要从控制平面的方向来决定何时打开阀门以及保持阀门打开的时间。阀门和传感器与控制平面通信，控制平面在我们购买的公有云服务提供商托管的云服务上运行，并且包含用于历史数据趋势和阈值设置的数据库以及设备"影子"。控制平面向设备公开设备控制协议通道，用于数据收集和设备命令和控制。

从这个基本描述中，你可能对存在问题的地方有一些想法，并且可能还想问更多问题。尽量避免立即进入"解决方案空间"，作为促进建模练习的一部分，强调提出的任何问题都是为了收集更具体的信息，而不是在这一点上做出判断，尽管你可能会捕捉到问题为以后的阶段做准备（即，在"停车场"）。虽然你可能会看到明显需要关注的领域，但你应该希望（并且在一定程度上需要）与你合作的团队具有协作性和开放性，以便从他们那里获得更好的细节来描述这个系统。

对于可能不熟悉本示例中使用的首字母缩略词的读者，以下是一些快速定义：

UART
  通用异步接收器 / 发送器

RS-232
  串行通信协议

GPIO
  通用输入 / 输出

MQTT
  消息队列遥测传输协议

RTOS
  实时操作系统

A.4.1 识别组件、数据流和资产

此时，你对系统有了基本的描述——它是什么、它应该做什么，以及什么在（并且可能不在）范围内。下一步很简单：与你的团队合作，了解系统及其组件的细节，以构建模型并识别值得保护的资产。

由于此练习是非交互式的，因此我们将为你省去压力和尴尬的对话，并为你提供可能已收集的信息。

- 该系统包含阀门控制装置、阀门单元、远程控制服务和压力传感器。
    - 阀门控制装置称为阀门控制器和传感器阵列单元。
        - 该设备分别通过 UART 和 GPIO 线通过串行通信连接到传感器和阀门单元。
        - 该设备具有远程控制服务的 IPv4 网络功能。
        - 设备启动与远程控制服务和阀门模块的通信，但每个通信都是双向的。
    - 基于私有云的远程控制服务具有数据分析能力。
        - 控制服务从阀门控制器和传感器阵列单元获取数据，并使用这些数据决定何时打开或关闭连接的阀门。
    - 阀门单元是一个带有电子控制气动执行器的机械阀门。
    - 传感器测量阀门前管道中的压力。

根据此信息，系统组件图可能类似于图 A-1。

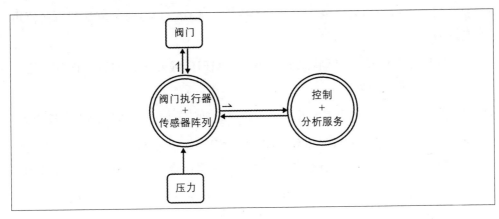

图 A-1：系统上下文图

如果你不是艺术家，请不要担心。当你发现有价值的安全或隐私漏洞时，没有人会因为任何绘图而责怪你。根据我们的经验，手绘图有助于在与开发团队会面时打破僵局。

从之前收集的信息开始，你将希望深入了解每个组件和流程的细节，以更好地理解系统及其特性。你可以针对系统模型中每个实体的属性提出有针对性的问题来实现这一点。对于每种类型的对象，你可能会提出一些问题，参考第 1 章以及第 5 章中的主题列表。

以下是对话之后你可能最终得到的信息。

- 该设备使用 ARM 处理器并运行 RTOS 和用 C 编写的服务来协调操作。

  ◆ 发送到远程服务的数据消息和来自远程服务的控制消息通过 MQTT（一个常见的物联网消息队列）协议传递，并由控制代理服务处理。

  ◆ 云代理服务维护"影子"设备状态记录，并协调本地和远程控制服务上的任何更改。

  ◆ 传感器读取器服务通过 UART 通道从传感器读取数据，并更新机载影子。

  ◆ 阀门控制服务通过 GPIO（in）获取阀门状态，并使用此信息使设备保持最新状态。它还将 GPIO（out）写入阀门，以触发打开或关闭状态。最后，服务将根据设备阴影中的状态变化触发阀门打开或关闭。

- 传感器正在查看阀门前管道中的压力。数据通过串行（RS-232）线路发送至阀门执行器控制装置。

- 执行器可以接收信号以激活（打开）阀门。不接收信号时的默认状态是停用（关闭）阀门。

  ◆ 执行器的打开 / 关闭状态通过另一组 GPIO 线输出，然后由设备上的阀门控制服务读取。

- 控制服务具有两个使用 Go 语言编写的主要功能：影子服务和决策支持服务。

  ◆ 影子服务维护连接设备的状态副本，并且可以通过 MQTT 通道从设备收集数据，先将数据存储在设备影子中，然后再存储在 CockroachDB 数据库中。

  ◆ 决策支持服务分析数据库中的数据，以确定何时打开或关闭阀门。根据这些计算，它将使用设备状态更新设备影子。

有了有关系统组件的这些附加信息，你可能具有如图 A-2 和图 A-3 所示的图形。

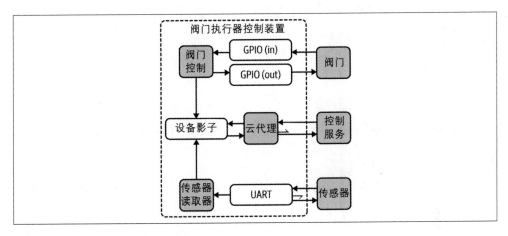

图 A-2：阀门控制装置的 L1 图纸

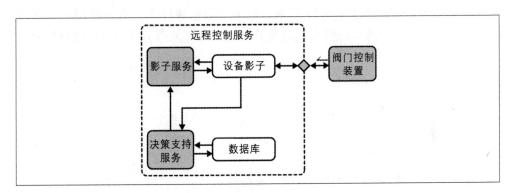

图 A-3：远程控制服务的 L1 图

最后，你将需要识别有价值的资产以及已识别资产所存在的安全性（或隐私性）要求。这个样本系统中的一些资产可能是显而易见的，其他资产则可能在与团队交谈后被识别。

以下是此样本系统中值得关注的资产，以及每个资产的安全性要求。请注意，由于系统的性质（工业控制应用程序），此示例中不考虑隐私性。还请注意，这些要求是按半优先顺序提出的，同样基于本示例中应用程序的用途。

传感器数据
可用性对于决策过程至关重要，但完整性也很重要。传感器连接是可物理验证的。

阀门状态数据

与传感器数据相似。

阀门驱动信号

可用性是关键属性。

设备影子

设备影子中的数据必须正确（完整性）且最新（可用性）。

设备影子数据（传输中）

在设备和控制服务之间传输的数据需要不被篡改（完整性），并且可以选择保密。

分析数据库

数据库中的数据需要具有完整性，因为该数据库位于公有云环境中，所以需要保护该数据库，以防止其他租户（包括公有云服务提供商）读取该数据（机密性）。

阀门控制服务

该服务需要正确地运行（完整性），并且还必须及时运行（可用性）。

传感器读取服务

服务需要正确地解释传感器数据（完整性）。

云代理服务

该服务需要正确地运行并与正确的远程控制服务器通信（完整性、可用性）。

影子服务

该服务需要正确地运行（完整性）并且可用（可用性）。

决策支持服务

服务需要正确地运行（完整性），并且还必须及时运行（可用性）。

A.4.2 识别系统缺陷和漏洞

使用到目前为止收集的信息，你现在应该关注系统中资产的潜在问题。特别是，这意味着寻找可能影响一项已识别资产（以及每项资产的一项安全要求）的可利用漏洞。

以下是你在此示例中需要考虑的一些潜在漏洞。

1. 传感器数据可以被拦截和修改，但这需要物理访问串行电缆或连接器。

   a.传感器数据格式不提供完整性保护。

   b.传感器数据通信线路在发生故障的情况下没有冗余。

   c.传感器不对设备控制器进行身份验证，而是通过物理方式连接到设备控制器，因此可以目视检查其真实性和篡改情况。

2. 阀门状态数据可以被拦截和修改，但这需要物理访问 GPIO 线路。

   a.阀门状态数据格式不提供完整性保护。

   b.阀门状态数据通信线路在发生故障的情况下没有冗余。

   c.阀门模块不对设备控制器进行身份验证，而是通过物理方式连接到设备控制器，因此可以目视检查其真实性和篡改情况。

3. 如果切断了 GPIO 线（需要物理访问 GPIO），则可能会阻止阀门驱动信号到达阀门。

4. 如果控制器设备断电，则设备影子（设备侧）可能会被破坏。

   a.在以非内存安全语言编写的服务的控制下，设备影子数据保存在设备控制器的内存中。

   b.设备影子被定义为具有固定内存大小的结构。

5. 有权访问云账户的任何人都可以访问分析数据库。

   a.数据库不支持数据加密。

   b.该数据库托管在具有内置加密功能的存储节点上。

6. 阀门控制服务具有较高的事件优先级。

7. 传感器读取服务具有较高的事件优先级。

8. 云代理服务可能会将设备影子数据发送到错误的云服务。

a. MQTT 作为协议没有完整性或机密性的保护。

b. 传输协议是可靠的。

此外，任何能够访问设备控制器和云服务之间的网络连接的人都可以拦截和修改传输中的 MQTT 数据。

 提醒：出于演示目的，这不是对系统资产的所有可能影响的完整列表。相反，我们试图为你很好地描述你可能发现的内容，并展示如何完成威胁建模练习。

A.4.3 识别威胁

根据你从系统建模练习中识别出的所有信息，发现以下威胁：

1. 恶意行为者可以欺骗远程控制服务器，诱骗阀门执行器控制设备将其数据发送到攻击者控制的系统。这需要与阀门执行器控制设备在同一子网中，或者攻陷或访问云账户。

2. 恶意行为者可以欺骗远程控制服务器，诱骗阀门执行器控制设备执行错误的动作（例如，在错误的时间打开阀门，或在正确的时间无法正常打开阀门）。这要求与阀门执行器控制设备位于同一子网中，或者攻陷或访问云账户。

3. 恶意行为者可以阻止压力传感器数据到达阀门执行器控制设备或修改报告的值。这需要物理访问设备或传感器。

4. 恶意行为者可以阻止阀门驱动信号到达阀门，从而导致阀门之前或之后的压力发生意外变化。

5. 恶意行为者可以阻止阀门状态信息到达阀门执行器控制设备，从而可能影响决策支持服务的运行方式（导致将来打开或关闭阀门的错误操作）。

A.4.4 确定可利用性

这 5 种威胁看起来很严重，但应该首先解决哪一个？严重性和风险之间存在差异。在计算可利用性时，这对于识别漏洞和威胁的优先级很有用，我们可以使用通用漏洞评分系统 (CVSS) 等工具来生成分数。作为复习，以下因素会影响 CVSS 的分数：

- AV：攻击向量。

- AC：攻击复杂度。

- PR：权限要求。

- UI：用户交互（必填）。

- SC：范围变更。

- C：机密性。

- I：完整性。

- A：可用性。

一些威胁还有其他基于定性的严重性值，我们将在它们发生时调用这些值。

威胁 1 和 2 涉及恶意行为者欺骗云服务端点，这可能是因为 MQTT 通道未使用安全协议。与许多威胁一样，可能有多种方法利用该漏洞并造成负面影响。

攻击者在阀门执行器控制设备的本地子网上有立足点时，该威胁的一个攻击路径的 CVSS v3.1 因素包括：

- AV：相邻网络。

- AC：低。

- PR：无。

- UI：无。

- SC：无。

- C：高。

- I：高。

- A：高。

生成的 CVSS v3.1 得分、等级和向量为 8.8/ 高（CVSS:3.1/AV:A/AC:L/PR:N/UI:N/S:U/C:H/I:H/A:H）。

或者，具有账户访问权限的攻击者可以修改远程控制服务的入口点，以使其执行不正确（至少从阀门执行器控制设备的角度而言）。在这种情况下，以下是一些影响因素：

- AV：网络。

- AC：高。

- PR：高。

- UI：无。

- SC：是。

- C：高。

- I：高。

- A：高。

生成的 CVSS v3.1 得分、等级和向量为 8.0 / 高（CVSS:3.1/AV:N/AC:H/PR:H/UI:N/S:C/C:H/I:H/A:H）。

你应该继续将威胁 3、4 和 5 的评级作为自己的练习。

A.4.5 收尾

此时，在威胁建模活动中，你将充分了解已识别问题的潜在严重性，并且根据所考虑系统的特征进行风险评估。你可以想象，与其他威胁相比，某些威胁更容易解决，解决成本也更低。

 在 MQTT 通信信道中添加双向 TLS 将缓解威胁 1 和 2，它们是最严重的威胁（使用 CVSS v3.1 评估严重性时）。

关于作者

Izar Tarandach 是 Bridgewater Associates 的高级安全架构师。他曾担任 Dell EMC 产品安全办公室安全顾问、Autodesk 的首席产品安全架构师和 Dell EMC 的企业混合云安全架构师。他是 SAFECode 的核心贡献者，也是 IEEE 安全设计中心的创始成员。Izar 曾在波士顿大学讲授数字取证课程，在俄勒冈大学讲授安全开发课程。

Matthew J. Coles 是 EMC、ADI 和 Bose 等公司产品安全计划的领导者和安全架构师，利用其超过 15 年的产品安全和系统工程经验，将安全性融入产品，为全球客户提供个性化体验。Matthew 曾参与社区安全计划，包括 CWE/SANS Top 25 清单项目，并且曾在美国东北大学讲授软件安全课程。

关于封面

本书封面上的动物是红蝎子鱼（Scorpaena scrofa），分布于大西洋东部和地中海。

红蝎子鱼的最大长度可以达到近半米，最大重量可以达到近 3.2kg。它们的颜色从深红色到淡粉色不等，米色和白色的斑点有助于它们融入环境。它们在初夏的几个月里繁殖，卵漂浮在水面上进行孵化。

这些鱼的鳍上有许多有毒的防御刺。脊柱中间的通道将毒液从底部的腺体输送到敌人的身体中。作为夜间猎手，红蝎子鱼在夜间沿着海底游动，以其他鱼类以及螃蟹和软体动物为食。

这种鱼是传统法式海鲜汤的重要原料。

尽管面临商业捕捞压力，但 IUCN 仍将红蝎子鱼的保护级别列为 Least Concern。O'Reilly 封面上的许多动物都濒临灭绝，它们对世界都很重要。

封面插图由 Karen Montgomery 基于 *Wood's Illustrated Natural History* (1854) 的一幅黑白版画绘制而成。